青弓社
98
ライブラリー

政治介入されるテレビ

武器としての放送法

村上勝彦

青弓社

政治介入されるテレビ

武器としての放送法

目次

装丁――Malpu Design［清水良洋］

はじめに

放送に関わる人たちは、事実は正確に伝える、一方の主張によることなくできるだけ多角的に伝えることは職業倫理として当然のことと思っている。それに反した場合、社内の処分を受けるのも当然だと思っている。そして、放送を所管する総務省から注意されても仕方がないと思いがちだ。

しかし、それは放送法の目的を知らないことから生じる、大きな間違いである。職業倫理と、役所が放送局に注意することはまったく次元が違う。

「かつてわが国において、軍閥、官僚が放送をその手中に握つて国民に対する虚妄なる宣伝の手段に使つたやり方は、将来断じてこれを再演せしむべきではありません(1)」

これは放送法制定時の一九五〇年四月、衆議院本会議で電気通信委員会の辻寛一委員長が述べたものである。新聞紙法や出版法が戦後廃止されたにもかかわらず、なぜ放送法が新たに制定されたのかは、ここに表れている。つまり放送法は、戦前・戦中の誤りを繰り返さないという痛切な反省をもとに、政府の放送番組への介入を防ぐために制定されたのである。

この考えを受けて、放送法第一条の目的には「放送の不偏不党、真実及び自律を保障することによつて、放送による表現の自由を確保すること」と記されている。この条文は表現の自由を保障するのは国家の責任であるのと同様に、放送の自由を保障するのは国家であることを明確にしている。

そして第三条で「放送番組は、法律に定める権限に基づく場合でなければ、何人からも干渉され、又は規律されることがない」とし、政府の関与を制約している。

放送法の制定目的を知っていれば、放送法第四条に規定された「公安及び善良な風俗を害しないこと。政治的に公平であること。報道は事実をまげないですること。意見が対立している問題については、できるだけ多くの角度から論点を明らかにすること」が、倫理規定か義務規定かという議論の結論は明らかである。放送法は、政府の介入を防ぎ、放送局の自律を保障するために設けられたのであり、事実を曲げた報道や政治的公平を判断する権限を政府に与えていないのである。第四条のこれらの規定は、放送局の人たちが自ら律する目安であり、職業人としての倫理である。政府に干渉や規律を許すものではない。第四条の倫理に反しているかどうかを判断するのは放送局と視聴者であり、それが放送法が保障する自主自律である。

この国では、とかく人々は自分たちで解決の道を探るのではなく、役所にその役割を求めがちである。「こんな俗悪番組を許していいのか」「子どもに悪影響を与える」といった声があがって政府に規制を促す。残念ながら、放送局も真摯に対応せずに役所の行政指導を受け入れているのが現状である。これは自律の放棄であり、自由の侵害である。放送法の趣旨からすれば、放送局は視聴者の声に耳を傾け、視聴者とともに番組に姿を探っていくのが本来のあり方である。視聴者には、政府が番組に物を言うことは自由への介入であると知ってもらうように努めなければならない。

しかし、視聴率競争のなかで生まれた「やらせ」や「捏造」で、放送局は政府から注意されても反論することもできなくなり、経営幹部は行政に頭が上がらなくなっている。

いま、政府は官邸に情報を集中させて発表の場を限り、マスコミのうるさい質問は排除するという情報コントロールが進んでいる。こうした状態では、忖度や萎縮が知らず知らずのうちに広まっていくだろう。そんな時代だからこそ、私たちは闘う武器をもたなければならない。その出発点がまず放送法を知ることである。

本書は、自戒と反省を込め、放送の自由の出発点を知り、放送の自由を守るためには何が必要かをあらためて考えてもらいたいという思いから執筆したものである。

注

（1）「衆議院本会議録一九五〇年四月八日」、「国会会議録検索システム」（http://kokkai.ndl.go.jp/SENTAKU/syugiin/007/0512/00704080512035.pdf）［二〇一九年六月十四日アクセス］

第1章　官邸の強化と無知な放送局

1　強まる官邸主導の情報発信

情報統制という言葉から何を思い浮かべるだろうか。戦前・戦中の検閲だろうか。確かに検閲は統制の一つだが、統制の危険性は、検閲によって伝えるべきことが伝えられないというだけではない。最も怖いのは、当局の発表の真偽に疑問をもつことなく、そのまま伝えてしまうことである。現在の私たちがいちばん注意しなければならないのは、一見自由に思えながら、伝える側が無意識のうちに統制された情報に組み込まれ、情報統制を自ら進めていることだろう。

近年は総理大臣や大臣の発言をそのまま伝えるだけという報道が目につく。それは報道が、情報統制の危険性に組み込まれかけているということを示す。メディアが無意識のうちに情報コントロールのもとにおかれている構図が、いま新たにできつつあるといえるだろう。

北海道地震での誤った官邸発表

官邸から発信された情報の真偽を精査せず、また確認を怠ったために、マスコミが誤った情報を発信したケースを挙げよう。

二〇一八年九月六日午前三時七分、北海道胆振東部で震度七の地震が起きた。クマの爪でひっかいたような山肌が連なる映像から、被害がひどいことが想像された。当日夜の段階ではNHKは死者八人、心肺停止八人と伝えていた。翌七日、安倍晋三総理は午前九時半からの関係閣僚会議で死者十六人・安否不明二十六人と説明した。菅義偉官房長官も午前の会見で、死者十六人と報告を受けたと説明している。しかし、総理や官房長官の発言は、死者と心肺停止者を合わせて死者数としたもので、菅官房長官が七日午後の会見で訂正している。

七日正午のNHKニュースでは、NHKの取材で死者八人・心肺停止八人とし、安倍総理は死者十六人と述べたと伝えていた。七日の夕刊で、総理や官房長官が述べた死者数を紙面に載せたのは「朝日新聞」「読売新聞」「東京新聞」、「産経新聞」(大阪版夕刊)の各紙だった。「朝日新聞」は「政府は十六人が死亡と明らかにした」、「読売新聞」は「政府によると死者は十六人」、「東京新聞」は「政府によると十六人が死亡」、「産経新聞」は大阪版で「政府によると十六人が死亡」といった記述である。

これに対して「北海道新聞」は「道などによると犠牲者は九人」とし、「毎日新聞」は「道集計によると十一人が死亡」、「日本経済新聞」は「警察庁は九人が死亡と発表」と報道した。

官房長官が訂正したのは、夕刊の締め切りが終わったあとの午後四時だった。しかしこのときの会見でも、官房長官はその時点の死者数を「九人と報告を受けている」と述べただけで、記者から午前の死者数と違っているという質問を受けてはじめて、集計の際に死亡者と心肺停止者を誤って死者としたと説明している。(1)

実はこの前日、地震発生当日の午後六時の関係閣僚会議で、すでにこの死者と心肺停止者を合わせて死亡者とした集計ミスは起きていた。この席で総理は「これまでに九人の方が亡くなられ」と述べている。「毎日新聞」と「東京新聞」は八日付朝刊で官房長官の訂正を伝えるとともに、この誤りも伝え、北海道庁は六日の午後十時現在「五人が死亡、四人が心肺停止の状態」と発表していたことを明らかにしている。

北海道地震の際の死亡者数の誤りは、この三日後にも起きている。九月十日の午前の会見では、菅官房長官は「これまでに把握している人的被害は、死者四十四名であり、心肺停止、安否不明者はいずれもゼロであります」(2)と述べている。しかし北海道庁は死亡者四十一人と発表し、官房長官は十二日になってようやく死亡者は四十一人と訂正した。その理由として官房長官は、「防災基本計画により被災者数を認定するのは都道府県であり、道庁は死亡した四十四人のうち三人は災害死と認定しなかったために四十一人とする」と述べている。なぜ道庁の報告を使わなかったのか。官房長官は、「政府として被害規模の早期把握の観点から、警察庁、消防庁等からの最新の数字を発表してきた。警察庁から内閣官房に上がってきたものである」としている。そして、今後も最終的には都道府県が判断した数字を使用するが、災害規模を早期に把握するため政府の独自の発表をおこなうとし、「発表に誤りはない」(3)と述べている。

これらのニュースや新聞記事はすべて事実を伝えている。ただし、情報を伝える立場にある人や組織が公式に発言し発表した内容を伝えたという意味で、である。しかし、発言内容をそのまま伝えるだけではフェイクニュースを拡散するのと同じではないだろうか。報道が政府の発表内容を正確に伝えるだけでいいのなら、戦前・戦中の大本営発表を伝えることと同じではないか。

もちろん、災害発生時には現地は混乱している。自治体が直ちに情報を把握することは難しい。したがって、被災状況の早期把握のために政府が発表すること自体は正しい。しかしその際に大事なことは、政府がどこの情報をもとに発表したのか、である。安倍総理や官房長官が「警察庁によれば」「道庁によれば」として亡くなった人の数を発表していれば、警察庁も、道庁もその違いに気づき、早い修正ができる。ところが情報の根拠を示さずに数字を述べると、警察庁も道庁も別のところの情報を使ったのだろうと思ってしまう。総理の発言や官房長官会見は、政府としての発表数字の根拠を示さなかったことが問題なのだ。情報の根拠をただささないまま「政府は」と報道した記者や報道機関にも大きな責任がある。

災害発生後間もない時点での情報だから誤りもあると思う人もいるだろう。そのとおりだが、混乱の最中であるからこそ、どこの情報か、というクレジットは大事だ。それが流言飛語との決定的な違いである。

発言内容が何に基づいているのか、何がわかっていて、何がわからないのか、を伝えるのが報道である。それは報道に携わる人たちが最初に教えられることである。その基本が機能しなくなったときに事実上の報道統制が生じる。

強まる官邸の情報統制

官房長官の記者会見は現在、月曜から金曜まで、原則、午前と午後の二回おこなわれている。会見の主催者は内閣記者会である。つまり、記者クラブが政府に会見を求めて官房長官が応じるという形式をとっている。

実は、官房長官の会見が毎日のようにおこなわれるようになったのは二〇一〇年六月からである。民主党政権のときで、それまでは特別なことがないかぎり、週二回の閣議後におこなわれていた。

また各省庁では、大臣が週二回の閣議後に記者会見し、閣議の前日におこなわれていた事務次官会議終了後に各省で事務次官会見が別途おこなわれていた。しかし民主党政権になった二〇〇九年九月以降、事務次官会見はなくなり、月に何度か副大臣が会見をおこなっている。案件によっては、省庁の次官や局長が会見して説明しているが、各省の見解をただす場は大臣会見や副大臣会見になる。民主党政権が、官僚を中心とした政府から政治主導の政府をめざしたことがその背景にある。

官房長官会見と各省庁の会見の違いは、官房長官会見は、総理を含めて政府として外交をはじめ国政に関する考え方を示すのに対して、各省庁の会見は、その省の施策や考え方を示す場だということである。省庁の会見にはその省を主に担当する記者が出席する。したがって事務次官会見をはじめ各省庁の会見では、個別の事案について、ある程度掘り下げた質疑がおこなわれる。

しかし政府の情報発信が官邸主導になり、内容が国政全般にわたるようになった。会見が政府の考えを示すだけの一方的なものにならないようにするには、出席する取材者には、多岐にわたる知識と専門性が求められる。ところが、日本では現場取材の年数は欧米に比べて短く、担当も数年で変わるため同じ分野を取材しつづける専門記者は必ずしも多くない。優秀な記者ほど管理職になって現場を離れる傾向にある。会見の場が単なる発表の場となり、その内容や意図を聞き出す力がなくなりつつある。その結果、記者の質問に、「誤った事実に基づく質問」「決め打ち」という菅官房長官の発言や抗議を招くような事態が生じている。情報統制の動きがこんなにも進んでいるのである。

官房長官会見を中心とした情報発信の場の設定に加え、政治主導が決定的になったのは、内閣人事局の設置である。内閣人事局は、総理大臣をトップとした内閣官房に二〇一四年五月に設置された。これによって省庁の幹部職員の人事が、省庁の壁を超えて内閣によって一元的に管理されるようになった。対象の幹部職員は六百人に上る。これによって幹部職員は官邸の意向を重視せざるをえなくなった。過度の官邸への忖度は、この仕組みから生まれたといってもいいだろう。官邸の省庁情報の管理は完成し、官邸への情報集中と官邸の情報統制が進むようになった。

難しくなっている取材

二〇一九年三月十五日、中央労働委員会は、コンビニエンスストアの二十四時間営業問題をめぐり、セブン - イレブン・ジャパンが加盟店の団体交渉を認めなかったのは労働組合法第七条第二号の不当労働行為にはあたらないとする命令書を出した。「日本経済新聞」はこの日の朝刊で、「コン

ビニ店主 団交認めず 独立した事業者と判断 中労委が公表へ」と報道した。

この報道について中央労働委員会を所管する厚生労働省は、一カ月後の四月二十五日に、中央労働委員会事務局長に戒告の懲戒処分をした。事務局長は、記者から電話を受けた際、すでに発表資料が配付され、判断の内容を記者が把握しているものと誤解して説明したということで、それが国家公務員法で禁じる秘密漏洩にあたるとして、処分された。

警察を含め行政機関の発表の前に、中央労働委員会の命令書のような報道が先行するのは珍しいことではない。取材者は、他社よりも早く深く報道するために、いわゆる「夜討ち朝駆け」の取材をしているのであり、その結果として「特ダネ」がある。それだけに今回、情報を漏らしたとして担当者を懲戒処分にしたことは、明らかに情報統制の強化の現れではないだろうか。なぜなら、発表されていない内容が報道されたときに、それを漏らした者を特定する犯人探しがおこなわれることを公然と示しているからである。

そうした状況のなかで、はたしてテレビをはじめメディアは、公式の発表事実だけではない掘り下げた情報を伝えることができるのだろうか。特に社会が危機的状況に直面したときに、最も大事なのは正確な情報を伝えることである。しかし、二〇一一年三月十一日の福島の原発事故の際には、メディアは当時の枝野幸男官房長官の「直ちに危険な状態ではない」という説明を流すだけだった。そんなときこそ、最悪の状態はどうなると起きるのか、状況を判断するデータのうち、現在、何がわかっていて何がわからないのかを記者会見で明確にしなければならない。「わかっていない」と伝えることは、不安をあおるだけと心配する人もいるだろう。しかし、最悪の事態を想定するのが安全対策の第一歩であり、避難計画もそれをもとに作られている。この基本が原発事故の際には果たされなかった。

さらに国の安全保障について、二〇一三年には特定秘密保護法が制定された。この法律は、国の安全保障上、特に秘匿が必要な情報を保護するために情報を特定し、取扱者を制限している。条文で適正な取材については違法としないと規定されているが、取材のハードルはきわめて高くなっている。情報の取扱者には「適正評価」がおこなわれ、情報の取り扱いをはじめテロリズムへの関心、経済状況さらには飲酒の程度までが調査事項になっている(4)。

このように、これまで以上に取材は難しくなっている。このままでは、国民は戦前と同じように正確な情報を取得する道が閉ざされてしまうかもしれない。福島の原発事故や北海道の地震での政府の発表と報道をみるかぎり、取材者もその状態に慣らされてしまう危険性があることがわかる。

記者の質問を排除する動き

二〇一八年十二月二十六日の官房長官会見で、沖縄・辺野古のアメリカ軍基地建設工事での土砂投入と赤土について質問があった。土砂の投入について「国は適法に行われているか確認できていない。どう対処するおつもりか」という問いに、菅官房長官は「法に基づきしっかり行っている」とし、さらに「適法かどうか確認していない」という質問に「そんなことありません」とだけ答えている。この間、官邸事務サイドから再三「短く」という趣旨の声が入っている(5)。

この質問は記者会見ではごく当たり前のものである。それに対する菅官房長官の答えは説明になっていない。むしろ質問に答えていない。まるで、いやな記者の質問には答えないという態度である。

この二日後の十二月二十八日、官邸側は官房長官会見を主催する内閣記者会に、上村秀紀官邸報道室長名の文書を出している。(6)この文書では、「東京新聞」の記者がおこなった質問に事実誤認があったとし、「東京新聞にはこれまで何度も事実に基づかない質問は厳に慎むようお願いしてきた」、会見はインターネットで配信されるから「視聴者に誤った事実認識を拡散させることになりかねない」「記者の度重なる問題行為は深刻なものと捉えており、問題意識の共有をお願いしたい」としている。記者会へこのような文書を出すことは、政府の考えを確認する場でもある会見で自己規制を求めるものであり、記者会側は「記者の質問を制限することはできない」と官邸側に伝えている。

官邸はこの日、「東京新聞」にも申し入れ文書を出している。

これに対して新聞労連は二〇一九年二月五日に「首相官邸の質問制限に抗議する」と題した声明を出し、不公正な記者会見のあり方を改めるよう求めた。(7)

この問題は、二〇一九年二月十二日の衆議院予算委員会や三月八日の参議院予算委員会でも取り上げられた。菅官房長官は、「官房長官の記者会見の趣旨というのは、質問に対して政府の見解、立場、これを記者の皆さんに答えることであるというふうに思っています。ですから、厳しいスケジュールのなかで二回、午前、午後、記者会見を行っております」(8)と会見の趣旨を説明した。そのうえで、会見がインターネットで配信されていることをふまえ、「私の発言のみならず、記者の皆さんの発言についても、国内外で直ちに視聴することができるようになっております。その場で事実に基づかない質問が行われ、これに起因するやりとりが行われる場合は、内外の幅広い視聴者に誤った事実認識を拡散をされるおそれがあると思っています」と述べている。

そして、赤土の投入が不明だから質問したのではないか、事実と違うならばその場で答えればいいのではないかという問いに、菅官房長官は、「取材じゃないと思いますよ。決め打ちですよ。事実と異なることを記者会見で、それを事前通告も何もないわけですから、私だって全て承知しているわけじゃありませんから」と反論している。

これらのことからわかるのは、菅官房長官は記者の質問を批判するだけで、肝心の辺野古の埋め立てに赤土の投入があったのか、埋め立てが適正におこなわれているのかについて、なんら答えていないということである。

権力のおびえ

二〇一九年二月二十日、「東京新聞」は「検証と見解／官邸側の本紙記者質問制限と申し入れ」と題する記事を記載した。記事では、二〇一八年十二月二十八日に内閣記者会に上村秀紀官邸報道室長名の文書が出されたことと、「東京新聞」の編集局長に長谷川栄一内閣広報官から抗議文が送られてきたことを伝える内容である。

さらに記事は「内閣広報官名など文書 十七年から九件」という見出しで、「東京新聞」に二〇一七年八月から一九年一月まで九回にわたって、内閣広報官名などの申し入れ文書が出されていることを伝えている。そのなかで、官房長官会見での質問と、その質問を問題とした官邸側の抗議を列挙している。「東京新聞」は一部に事実誤認があったことは認めたうえで、申し入れ文書のなかには『記者会見は意見や官房長官に要請する場ではない』として、質問や表現の自由を制限するものもある」と、これらの申し入れ文書を出した官邸に抗議し、その姿勢を批判している。

官邸が「事実誤認の質問」とする一つが、先に記した沖縄・辺野古のアメリカ軍基地建設工事に関するもので、「埋め立ての現場では今、赤土が広がっている。琉球セメントは県の調査を拒否し、沖縄防衛局が実態把握できていない」「赤土の可能性が指摘されているにもかかわらず、国が事実確認をしない」という質問を、「事実誤認」と決め付けている。

しかし「東京新聞」が指摘しているように、土砂の投入が始まると海は茶色く濁り、県の職員や市民が赤土を含んだ土砂の投入を確認している。さらに、県の立ち入り検査と土砂のサンプルの提供の求めに国は応じていない。その後、沖縄防衛局は過去の検査報告書を提出したが、その報告書は、土砂を納入している業者が投入前に作成したものだった。

記者会見は、官房長官や大臣が一方的に話をする場ではないことはいうまでもない。疑問や反対意見について質問し、答えを求める場である。この問題については、すでに多くの人たちが指摘しているように、仮に質問に事実誤認があれば、その誤りを指摘したうえで見解を述べるのが質問を受ける側の責任である。そのために記者は不明瞭な点を明確にしようと質問するのである。

官邸のこうした対応からは、批判的な記者や気に入らない記者を排除するという姿勢が明確にみえてくる。インターネットで中継公開されているので、事実誤認の質問は誤解を与えるというのは、記者会見を一方的な発表の場、政府広報の場ととらえていることを示している。一人の記者を対象に新聞社あてに九回も抗議文を送る異常な姿勢には、権力の脅しと同時におびえが現れている。

弱腰のテレビ

官房長官会見について、「東京新聞」は「検証と見解」として、毅然とした姿勢を示した。しかし、免許制度のもとにある放送、特にテレビはどうだろうか。

先に記した北海道地震の死者数について、NHKでは報道の根幹に関わることが起きようとした。地震翌日の正午のニュースを前に、報道局の幹部の間で激しいやりとりがあったという。NHKの記者が、病院をはじめ警察や消防、自治体を取材してまとめた死亡者数を伝えるのか、総理が関係閣僚会議で述べた死者数を伝えるのかということだった。結局、NHKが調べた死者数を最初に述べ、続いて安倍総理が関係閣僚会議で述べた内容という、これまでの災害報道ではなかった見出しを付けた放送となった。

NHKは、災害が起きれば警察や消防をはじめ、市町村や県に電話を入れ、死者やけが人の数をニュース前に確認している。複数の都道府県にまたがる災害では各地の放送局で確認し、東京でまとめている。災害発生直後で自治体が情報を把握できていないときには、警察や消防の情報を優先している。総理の閣僚会議での発言は午前十時前だ。ニュースや夕刊の締め切りの直前であれば最新の情報ということもあるだろうが、このときはそうではない。発言後にNHKは犠牲者の最新の情報を取材しているのである。

この北海道の地震の際に、自ら調べた事実ではなく、総理の発言を使うべきと主張した報道局幹部の考えは、自分たちで調べた内容よりも総理の発言を信頼するというものであり、それは総理の発言内容が正しいかどうか、その発言の根拠を考えずにそのまま受け入れることになんの疑問ももたないものである。総理あるいは政府の発表を自分たちの取材よりも優先するという、報道機関としてはおよそ考えられないものである。

そして、発言内容が正しいかどうかのチェックの弱さが現れたことがある。

発言を垂れ流したままのＮＨＫ

二〇一九年一月六日、ＮＨＫの『日曜討論』（一九五七年―）で、安倍総理は沖縄のアメリカ軍普天間基地の辺野古移設に伴う埋め立てについて「土砂を投入していくにあたって、あそこのサンゴについては移している」などと述べた。しかし沖縄県の玉城知事は翌日、「Twitter」に、発言内容は「事実と違う」と投稿し、「琉球新報」は八日に一面トップで、サンゴが移植されたのは埋め立て中の場所とは別の海域の九つの群体で、「現在土砂が投入されている海域からサンゴは移植していない」と総理の発言内容が事実と異なっていることを指摘し、続いて九日には社説で「フェイク発信許されない」と批判した。「沖縄タイムス」も同じ八日の紙面で、知事の「Twitter」や専門家の声を載せ、総理の発言に疑問を示している。「東京新聞」は九日に、総理発言は事実誤認と「批判集まる」とし、十二日には社説で「事実誤認が目に余る」と批判した。また「朝日新聞」は十日に、総理の発言に「不正確と沖縄県反発」と掲載し、「毎日新聞」は十一日に「『サンゴ移植』実は土砂区域外」と、発言が不正確と批判した。

埋め立て予定水域では約七万四千群体の移植が必要なサンゴがあり、沖縄防衛局は、埋め立て予定海域の約三万九千六百群体の移植を県に申請したが、埋め立てに反対している沖縄県はその申請を許可していない。移植されたという九群体はこの移植対象になっていない。

これに対して菅官房長官は八日の会見で、移植は適切に対応していくので問題はないとし、さらに十日の会見では「移植対象のサンゴはすべて移植しており、環境保全措置にも最大限配慮しながら対応している。そういう趣旨の発言をされたのだろう」と総理の発言を説明している。沖縄県が沖縄防衛局の移植申請を許可していないのだから、官房長官の「すべて移植」の説明も誤りである。

問題は、発言を放送したNHKの対応である。『日曜討論』の趣旨は発言者の発言をそのまま伝え議論することであるので、放送自体に問題はない。しかし、発言内容が事実誤認という批判が現地沖縄を中心に出ているならば、埋め立てを主導する総理の発言が正しかったのかどうか取材し、報道する責任がある。重要な問題を議論するにあたり、基本となる事実を正しく伝えるのが報道であり、発言内容を無批判に伝えるだけなら単なる広報でしかない。そしてその動きに疑問をもつことなく受け入れる雰囲気が、放送のなかに生まれている。

私たちはまず、放送局の幹部がこのような自分たちの取材よりも政府の発言を重視してしまう事態が起きていることを知っておかなければならない。

なぜ、政府の発表を優先するような発想が幹部に生じるのだろうか。それは個人の問題だけではない。特にテレビについては、無知であったために闘う言葉をもたず、免許制度に縛られて政府に従順な姿勢をとってきたという放送界の構造的な問題が底流にあると考えられる。

放送、特にテレビと政府の関係を示す典型的なものは、放送番組に関する行政指導である。次節では行政指導の内容をみていこう。

2　番組への行政指導

行政指導文書を読む

行政指導という言葉は聞いたことがあるだろうが、放送番組に関する行政指導の文書を読んだことがある人は必ずしも多くないだろう。ここで紹介するのは、二〇一五年四月二十八日に総務大臣がＮＨＫに出した「厳重注意」の文書である。総務省のウェブサイトの報道資料から引用した。

問題となった『クローズアップ現代 追跡〝出家詐欺〟～狙われる宗教法人～』（『クローズアップ現代』ＮＨＫ、一九九三―二〇一六年）の番組は、この前年の二〇一四年五月に放送されたもので、二〇一五年三月、「週刊文春」の「ＮＨＫ『クローズアップ現代』やらせ報道を告発する」(9)という記事によって明るみに出た。

この番組は多重債務者が、出家によって戸籍を変えられることを悪用し、出家詐欺のグループが債務者を次々と別人に仕立て上げては、本来受けられない多額の融資をだまし取っていたことを報道したものである。だが、放映された出家の相談を隠し撮りしているシーンはあらかじめ設定されたものだった。相談の場で、相談にきた人と相談に答える人は知人同士であり、相談場面が撮影されていることはその場にいた全員が知っていた。また、相談現場に記者が立ち会い、相談の一部について要望を出して追加の撮影をしていた。

NHKは、四月三日に調査委員会を立ち上げ、同月二十八日に調査報告書を公表した。行政指導は調査報告書が公表された当日に出された。

総情放第三十四号

平成二十七年四月二十八日

日本放送協会

会長籾井勝人殿

総務大臣

山本早苗

「クローズアップ現代」に関する問題への対応について（厳重注意）

貴協会が平成二十六年五月十四日に放送した「クローズアップ現代 追跡〝出家詐欺〟～狙われる宗教法人～」において、事実に基づかない報道や自らの番組基準に抵触する放送が行われたことは、公共放送である貴協会に対する国民視聴者の信頼を著しく損なうものであり、公共放送としての社会的責任にかんがみ、誠に遺憾である。

放送法（昭和二十五年法律第百三十二号）第四条第一項第三号においては、「報道は事実をまげないですること」、また、同法第五条第一項においては、「放送事業者は、放送番組の種別及び放送の対象とする者に応じて放送番組の編集の基準を定め、これに従って放送番組の編集をしなければならない」とされているところ、今回の事案はこれらの規定に抵触するものと認められる。

よって、今後、このようなことがないよう厳重に注意する。

また、四月二十八日に発表された「クローズアップ現代」報道に関する調査報告書についても、「VI．再発防止・改善に向けて」の章で複数の提言がなされているものの、今後の具体的な取組や時期については不明である。放送現場の職員のみならず執行部が「放送ガイドライン」の内容を深く理解する場を、どのように確保するのか。情報の共有や、企画や試写等でのチェックなどについて、誰が、いつ、どのように実行するのか。踏み込んだ対応が求められる。(10)

この問題をめぐっては、四月十七日に自由民主党情報通信戦略調査会がＮＨＫの経営幹部を呼び、番組について非公開の場で説明させた。行政指導はＮＨＫが調査報告書を発表した二十八日に出されている。異例の速さである。

国会の場でも、自民党情報通信戦略調査会がＮＨＫに説明を求めたことや、行政指導文書の手渡しをめぐるＮＨＫ側の混乱が問題にされ、ＮＨＫの会長は二度にわたって総務大臣に説明と謝罪文を出している。

この不祥事については新聞各紙が取り上げたが、調査報告書の内容が中心で、行政指導については短くふれているだけだった。

行政指導って何?

行政指導とは何かをみてみよう。行政指導に似た言葉に行政処分がある。しかしこの二つには大きな違いがある。

行政手続法が一九九三年に制定された。この法律では、それまであいまいだった行政指導は、「行政目的を実現するため特定の者に一定の作為又は不作為を求める」もので、「指導は任意の協力によって実現されるものであり、従わないことを理由に不利益な取り扱いをしてはならない」と規定された。これに対して行政処分は、「公権力の行使であり、法令に基づき行政庁が義務を課し権利を制限する行為」と規定され、行政指導とは明確に分けてある。つまり、行政指導は官庁がおこなう指導であり強制力はない。これに対して行政処分は強制力があり、法律によって処分内容が定められ、放送では停波や免許の取り消しがある。ときどき聞くような食中毒を起こした飲食店への営業停止命令は、行政処分である。

しかし一九九三年に行政手続法ができるまでは、行政指導が強制力をもつような使われ方をしてきたために、テレビのニュースや新聞の記事でも、役所のある行為が行政指導か行政処分かを明確にしていないこともある。一般の受け止め方も、指導であれ処分であれ、役所から注意されるのは何かいけないことをやったのだろうというくらいの感覚ではないかと思う。勧告や厳重注意は行政指導であり、営業停止など、命令は行政処分であると思えばほぼ間違いない。

放送番組についての行政指導はたびたびおこなわれている。役所が番組内容について問題があったと厳重注意の行政指導をする。これは、後述するように「番組編集の自由」や「放送の自主自律」との関係で重大な意味をもっている。しかしそれ以前に、放送局は、そもそも行政指導とは何であるのか、その意味も知らなかったのではないかと思われるのである。

大混乱のＮＨＫ経営陣

二〇一四年五月の『クローズアップ現代』についての総務大臣名の行政指導は、ＮＨＫが調査報告書を出したその日に出された。

この日、総務省に調査報告書を説明したＮＨＫの理事は、総務省の局長から、大臣が行政指導文書を出すので大臣室にいくよう言われた。しかし、大臣室にはいかずに帰ってしまったため、大臣は職員に行政指導文書を持たせてＮＨＫに向かわせた。しかし、行政指導文書を持参した総務省職員はＮＨＫの玄関で三時間近く待たされ続け、結局渡せずに総務省に戻ってきた。それで、大臣は文書を郵送した。

行政指導は、その内容の是非は別にして、行政が大臣名や局長名などで出すものである。行政指導の文書を受け取るか否かは問題ではない。

このＮＨＫの対応については、衆参両院の総務委員会で二〇一五年五月十四日から六月十八日まで七回取り上げられている。両院の総務委員会の議事録から行政指導文書の受け取りをめぐる経緯を整理すると次のようになる。

行政指導文書を渡そうとした当日について、高市早苗大臣は以下のように述べている。

○国務大臣（高市早苗君）

この日の時系列について、もう少し詳しく申し上げます。

十五時半にNHKが最終調査報告書を公表されました。その現物はホームページでもアップされました。この報告書につきましては、私、そして太田大臣補佐官、そして安藤局長の三人が、それぞれ別々に全てを読み込みました。これは、その日私が持っていた報告書ですけれども、もうあちらこちらにラインマーカー、赤の書き込みがあります。夕方まで掛けて読み、問題点、そして更に改善していただきたい点。

報告書は、副会長が本当に御苦労してまとめられたものであるとは承知しております。随分いろいろと事実関係を調べられたことも分かっておりますけれども、一刻も早く、もっと具体的な再発防止体制を作っていただきたい、しかもゴールデンウイークを挟みますから、その間にもっと具体的に、誰がいつ、どのように実行するのかということをそれぞれの点について書いてほしい、そういう強い思いを持ちましたので、その後、早速、行政指導文書の作成をいたしました。まずは素案という形で作らせていただきました。

そして、ちょうど十八時、午後六時に井上理事が総務省に今回の報告書の内容も説明に来られるということを聞いておりましたので、最終的にこの文書を更にきちっと詰めて、何度も推敲をし、公印をついた正式な行政指導文書とした上で、十八時に局長室に来られるんであれば、十八時半に私が大臣室でお待ちをしますので、この行政指導文書を出さなければならない趣旨、理由も含めて大臣が直接井上理事にお渡しをすると。それが礼儀でもあり、そしてまた趣旨をちゃんと分かった上で受け取っていただかなきゃいけない、そういう思いがございました。

（略）

ところが、大臣室には理事は見えないと、大臣室には来ないとおっしゃっている、そう報告を受けました。その後、理事は十八時四十分頃ですか、もうお帰りになりました。しかし、作った行政指導文書をお渡ししないわけにはまいりませんので、理事がお受け取りいただけないということでしたら、大臣から籾井会長に対して重要な文書をお届けするということで、原本を持って職員が総務省を出発いたしました。

十九時ですね、夜の七時に出発して十九時半にＮＨＫ放送センターに私の文書を持った職員が到着しました。出発する前にＮＨＫの秘書室には連絡をしてあります。大臣から籾井会長宛ての文書を持った職員が行きますということで向こうにもお待ちをいただいていたはずですけれども、結局、職員は中に入れてもらえず、そしてまた秘書室の方にも会っていただけず、気の毒なことに、持っていった職員は十九時半から午後二十二時二十分までゲートで待機していたんですよ。三時間近く職員が中にも入れてもらえず、立ったままで待機していると聞いたので、私は帰ってこいと言いました。書留でじゃ発出しようということで、職員を帰し、郵便で送る手続をしたということでございます。(11)

では井上理事は、なぜ行政指導文書を受け取らなかったのだろう。

国会の議事録をもとにまとめると、ウェブサイトに『クローズアップ現代』の調査報告書を午後三時半に掲載し、総務省から内容にいくつか質問があるのできてほしいといわれ、午後六時に局長室にいった。ところがその場で総務大臣名の行政指導文書を出したいという話があり、受け取るかどうかの判断ができないので待ってもらったということである。

従来、この種の番組内容が問題になった場合、郵政省や総務省は当該局から説明を受けたあと、行政指導をおこなっていた。今回のケースは、NHKの調査報告書ができた当日、大臣名の行政指導が出されるという異例の形であり、井上理事の戸惑いも理解できないではない。しかし、行政指導は所管官庁が一方的に出すもので、拘束力はなく、受け取るか受け取らないかは問題ではない。

○政府参考人（安藤友裕君）

基本的には受け取っていただくことが基本でございますので、（略）そこを留保されているという状況については、NHKの方で留保しておるので非常に困った状態にあったということでございます。(12)

受け取りを保留したあと、井上理事は会長や秘書室に連絡したという。会長に行政指導文書が出ることを連絡したのは午後八時ごろだということである。

また、総務省から職員を向かわせるという連絡を受けてから、NHKはNHKに向かっていた総務省職員に行政指導文書を持参しているかどうかの確認の電話まで入れている。

それでは文書を持参した総務省の職員をなぜ長時間待たせ、何をしていたのだろうか。

○参考人（井上樹彦君）
行政指導文書が来ているということは、もう会長も含めて関係の役員に伝えておりますので、もちろん総務省から人が来られているということもこれは大事なことですけれども、もうその文書が来ていて、それを受けるか受けないかというふうなことで協議をしようということでやっておりましたので、そのことは真剣に対応していたわけです。

（略）

会長を始めとする関係者で、行政指導の内容について、例えばこの中で指摘されているようなことが調査報告書のどういうところに当たるのか、何を指しているのかといったことの、行政指導の趣旨の確認等を電話で行っておりました。[13]
○参考人（籾井勝人君）
当然のことながら、私どもは大臣の行政指導というものは重いものであるということは十分承知いたしております。

放送番組の内容に関する行政指導であることから、指導の対象とされる事実関係とか指導の根拠などについて十分な確認が必要と考えたものでございます。これはみんなで議論しながら、そういうふうに考えたわけでございます。[14]

○参考人（籾井勝人君）
内容につきましては放送番組に関する行政指導でございます。したがいまして、番組編集の自由にも関わるものであることから、内容について趣旨の確認などを行うこと、こういうことをやっていたというふうに聞いております[15]。

総務省からNHK秘書室に文書を持っていくという連絡があった午後七時ごろから、総務省の職員が行政指導文書を手渡せないまま戻った午後十時過ぎまで、NHKの会長や役員たちが何を協議していたのか具体的にははっきりしない。「受け取るかどうするか」ということを中心に右往左往していたようだ。

この対応からは、危機管理を含めいくつかの問題点が浮かび上がってくる。

一つは、NHKの経営陣が行政指導の意味を理解していなかったのではないかという点である。先に記したが、行政指導は官庁が一方的に出すものであり、法的拘束力はなく、従わなくても不利益を受けない。したがって、総務大臣名の行政指導文書が出されれば、受け取るかどうか議論する意味はない。

調査報告書のどこにあたるのかなど「内容を確認していた」ということもおかしい。

NHKは国会での予算審議の際に、衆参両院の総務委員会の委員から事前に質問を聞き、その趣旨を確認しているが、それと同じ感覚である。あたかも行政指導文書の内容の調整をしようとしているようにみえる。

二〇〇九年六月以降、六年近く放送番組に関する行政指導はおこなわれなかった。だが、そもそも行政指導の意味を知らずに自主自律を語ることはできない。なぜなら番組内容に関する行政指導は一九八五年以降三十七件もあり、多くの法学者はそうした行政指導を批判してきたのである。放送の自由とは何かを考えていれば、番組への行政指導がどんな意味をもつのか、知っていなければならない。それを知らなければ所管官庁と対等に向き合うことも、渡り合うこともできないのは明らかである。

国会での質問に対するNHKの答弁では、行政指導を「重大なものとして受け止め」と再三出てくるが、本来、「重大なものとして受け止め」、しかも内容が「番組編集の自由にも関わる」というのであれば、内容を精査し、異議があれば、ニュースのなかで行政指導のどこが問題であるのかを説明するのが報道機関でもある放送局のおこなうべきことである。現に、裁判で放送局が敗訴し、判決に不服があるような場合はニュースでそのコメントを放送している。

所管官庁にどれだけ腰が引けているかがわかるだろう。

無知がもたらしたもの

この失態にNHKは二度も文書を総務省に出している。

○国務大臣（高市早苗君）

四月二十八日以降に籾井会長のお名前で私宛てにいただいた手紙は二通ございました。

一通は、五月一日の日付のものでございます。これは行政指導への対応について、当初文書を受け取らなかった理由と、それから受け取らないという判断をされた責任者は誰かということを説明されたものでございます。

五月十八日には、今、籾井会長御答弁のとおり、おわびの手紙をいただいております[16]。

先ほどからの籾井会長の答弁を聞いておりまして、両方の手紙に籾井会長が目を通されたということが分かったので、ちょっとびっくりをいたしております。（略）五月一日のはそういう書式ではなかったですし、内容も、当初、受け取らなかった理由、文書の趣旨が明確ではないというような内容であったり、会長として自分が判断したと、受け取らないことを判断したということで、私にとっては大変屈辱的な内容でございましたが、宛名も書式も違うので、恐らく職員の方が慌てて作られて、会長は目を通していらっしゃらないんだろうと思っておりました[17]。

○参考人（籾井勝人君）

五月一日の文書の経緯につきましては、行政指導文書の受取を当初一旦待っていただいた理由などについて総務省から問合せがあり、担当者が口頭で伝えましたところ、文書にしてほしいという求めがあって出したものでございます。

（略）

五月十八日の文書につきましては、これはもう改めまして、行政指導文書の受取についていろいろ不手際がございましたので、それについて総務省、また同時に総務省の担当者に礼を失したという、こういう対応について私から総務大臣におわびしたものでございます。[18]

ＮＨＫは毎年、予算の承認のため三百人近い国会議員に事前説明している。その執行部がこの体たらくでは、所管官庁に毅然とした態度はとれない。権力の監視機関の体をなしていないことは明白である。さらにＮＨＫは、求められてもいないのに五月二十九日には再発防止計画を総務省に説明している。この件をみるかぎり、行政指導の意味そのものを知らなかったことで、ＮＨＫは総務省の言いなりにならざるをえない状況に追い込まれていったことがわかる。

注

（１）首相官邸「内閣官房長官記者会見二〇一八年九月七日午後」（https://www.kantei.go.jp/jp/tyoukanpress/201809/7_p.html）［二〇一九年六月十四日アクセス］

（２）首相官邸「内閣官房長官記者会見二〇一八年九月十日午前」（https://www.kantei.go.jp/jp/tyoukanpress/201809/10_a.html）［二〇一九年六月十四日アクセス］

（３）首相官邸「内閣官房長官記者会見二〇一八年九月十二日午前」（https://www.kantei.go.jp/jp/tyoukanpress/201809/12_a.html）［二〇一九年六月十四日アクセス］

（４）首相官邸「特定秘密保護法関連」（https://www.cas.go.jp/jp/tokuteihimitsu/）［二〇一九年六月十四日アクセス］

（5）首相官邸「内閣官房長官記者会見二〇一八年十二月二十六日午前」（https://www.kantei.go.jp/jp/tyoukanpress/201812/26_a.html）［二〇一九年六月十四日アクセス］

（6）「取材の材料制限か」「毎日新聞」二〇一九年二月二十一日付、「菅長官会見　改めぬ姿勢」「朝日新聞」二〇一九年三月六日付

（7）日本新聞労働組合連合（新聞労連）「首相官邸の質問制限に抗議する」（http://www.shinbunroren.or.jp/seimei/20190205.html）［二〇一九年六月十四日アクセス］

（8）「二〇一九年二月十二日衆議院予算委員会議録」、「国会会議録検索システム」（http://kokkai.ndl.go.jp/SENTAKU/syugiin/198/0018/19802120018005.pdf）［二〇一九年六月十四日アクセス］

（9）「ＮＨＫ『クローズアップ現代』やらせ報道を告発する」「週刊文春」二〇一五年三月二十六日号、文藝春秋

（10）総務省「「クローズアップ現代」に関する問題への対応について（厳重注意）」（http://www.soumu.go.jp/main_content/000355897.pdf）［二〇一九年六月十四日アクセス］

（11）「二〇一五年五月十四日参議院総務委員会議録」、「国会会議録検索システム」（http://kokkai.ndl.go.jp/SENTAKU/sangiin/189/0002/18905140002009.pdf）［二〇一九年六月十四日アクセス］

（12）同会議録

（13）「二〇一五年五月二十六日参議院総務委員会議録」、「国会会議録検索システム」（http://kokkai.ndl.go.jp/SENTAKU/sangiin/189/0002/18905260002010.pdf）［二〇一九年六月十四日アクセス］

（14）前掲「二〇一五年五月十四日参議院総務委員会議録」

（15）「二〇一五年六月二日参議院総務委員会議録」、「国会会議録検索システム」（http://kokkai.ndl.go.jp/SENTAKU/sangiin/189/0002/18906020002012.pdf）［二〇一九年六月十四日アクセス］

(16)「二〇一五年六月四日参議院総務委員会議録」、「国会会議録検索システム」(http://kokkai.ndl.go.jp/SENTAKU/sangiin/189/0002/18906040002013.pdf)〔二〇一九年六月十四日アクセス〕

(17) 同会議録

(18)「二〇一五年六月十八日参議院総務委員会議録」、「国会会議録検索システム」(http://kokkai.ndl.go.jp/SENTAKU/sangiin/189/0002/18906180002014.pdf)〔二〇一九年六月十四日アクセス〕

第2章　放送法を知ろう

1　放送法は何のために

「放送は限られた電波を独占的に使用し、影響力が強いために規制が必要」[1]という政府の説明は、社会に比較的素直に受け入れられているのではないだろうか。実はこれは大きな間違いで、本来は「放送は限られた電波を独占的に使用し、影響力が強いために、政府の関与は許されない」のである。

これは放送法の理念そのものである。しかし、この大事な理念は、放送に携わる人たちをはじめ一般の人たちにもあまり知られていないようだ。

放送法を認識しよう

放送の自由を考えるためにいちばん大事なのは、新聞や出版と違ってなぜ放送だけを対象にした法律が制定されたのかということである。

敗戦後の占領下にあった一九五〇年一月、政府は国会で放送法について、「第一条に、放送による表現の自由を根本原則として掲げまして、政府は放送番組に対する検閲、監督等は一切行わないのでございます」[2]と提案理由を述べている。

同年四月八日、電気通信委員会の辻寛一委員長は、衆議院本会議の放送法採決にあたって委員会の審議報告として次のように述べている。

放送は、それが強力な宣伝の具であるがゆえに、一層表現の自由を確保されなければなりません。かつてわが国において、軍閥、官僚が放送をその手中に握つて国民に対する虚妄なる宣伝の手段に使つたやり方は、将来断じてこれを再演せしむべきではありません。放送法案におきましては、このいわゆる放送の自由を保障するために、第三条に、放送番組は法律に定める権限に基く場合でなければ、何人からも干渉され、または規律されることがない旨を規定しております。[3]

これを読むと、放送法は新聞や出版とは違って、限られた資源を独占的に使用し、社会への影響力が大きいからこそ、行政や権力の関与を排除する必要があるとして制定されたことがわかる。「国民に対する虚妄なる宣伝の手段に使つたやり方は、将来断じてこれを再演せしむべきではありません」という審議報告は、報道統制によって多くの犠牲者を出した戦前・戦中への痛切な反省がある。

放送法は第一条「目的」で以下のように定めている。

第一条　この法律は、次に掲げる原則に従つて、放送を公共の福祉に適合するように規律し、その健全な発達を図ることを目的とする。

1　放送が国民に最大限に普及されて、その効用をもたらすことを保障すること。

2　放送の不偏不党、真実及び自律を保障することによつて、放送による表現の自由を確保すること。

3　放送に携わる者の職責を明らかにすることによつて、放送が健全な民主主義の発展に資するようにすること。

そして第三条「放送番組編集の自由」は、第一条の目的を達成するための規定を設けている。

第三条　放送番組は、法律に定める権限に基づく場合でなければ、何人からも干渉され、又は規律されることがない。

このように政府や団体は、「法律に定める」権限がなければ番組に干渉や規律することができないと放送番組の自由を保障している。

放送の自由を守る責任

放送法は第一条で「放送による表現の自由を確保」を掲げている。そしてその自由は「放送の不偏不党、真実及び自律を保障する」ことによって確保するとしている。ここで重要なのは、「放送の不偏不党、真実及び自律を保障する」のは誰かということである。

これは制定時の「政府の関与を排除する」という発言にすべて現れているように、保障するのは政府である。放送局の不偏不党、真実、自律を政府が保障する、つまり政府が放送内容にあれこれ命令したり指示したりしてコントロールすることを防ぐことを宣言しているのである。

これを理解していないと、「放送の不偏不党、真実及び自律」という言葉だけが独り歩きし、放送局は「不偏不党、真実及び自律」を守る義務があるという解釈にすり替わってしまう。つまり放送法は放送を規制する、放送局に義務を課したものだという説明が簡単に普及してしまうのだ。政府が言う「放送は限られた電波を独占的に使用し、影響力が強いために規制が必要」という説明が受け入れられる背景はここにある。

政府が「放送の不偏不党、真実及び自律」を保障する、つまり放送が権力によって左右されない「不偏不党」、嘘や一方的な事実を強制されない「真実」、そして自らの判断によって放送する「自律」を政府が保障するのであり、政府が放送内容に関与することを禁じると放送法は宣言しているのである。(4)

放送法第四条の番組準則

第一条の目的と第三条の編集の自由を受けて第四条「国内放送等の放送番組の編集等」は、第一項で「放送事業者は、国内放送及び内外放送（以下「国内放送等」という。）の放送番組の編集に当たつては、次の各号の定めるところによらなければならない」とし、番組準則と呼ばれる四つの項目をあげている。

1　公安及び善良な風俗を害しないこと。
2　政治的に公平であること。
3　報道は事実をまげないですること。
4　意見が対立している問題については、できるだけ多くの角度から論点を明らかにすること。

さらに第五条第一項は、「放送事業者は、放送番組の種別（教養番組、教育番組、報道番組、娯楽番組等の区分をいう。以下同じ。）及び放送の対象とする者に応じて放送番組の編集の基準（以下「番組基準」という。）を定め、これに従つて放送番組の編集をしなければならない」と規定している。

そして第六条で、放送局が番組の適正を図るため放送番組審議機関を設けることを定め、外部の委員による番組のチェック機能をもたせている。

番組編集の自由と放送局の自律について、放送法はこのように規定している。

番組準則は放送倫理

放送法第四条の番組準則が第三条の「法律に定める権限」にあたるのかどうかは、「あたる」とする政府の見解と、「倫理規定」であり「あたらない」とする多くの研究者との間で見解が異なっている。[5]放送法の制定目的をもとに考えれば、その意味は明らかである。少し詳しくみてみよう。放送法第三条は「放送番組は、法律に定める権限に基づく場合でなければ、何人からも干渉され、又は規律されることがない」と規定している。

この「法律に定める権限に基づく場合」との関係で、第四条の番組準則が倫理規定とすれば、この準則は番組編集にあたって留意することという精神的規範を述べたもので、法的な義務を伴うものではない。しかし、法規範であれば守る義務が生じ、違反すれば政府は放送法に反したとして番組内容に関する行政指導で番組に干渉し規律することができ、さらには行政処分で電波を止めることもできる。

放送法には第百七十四条に、地上放送局を除いた衛星放送局などに対する「業務の停止」の規定があり、「この法律又はこの法律に基づく命令若しくは処分に違反したときは（略）業務の停止を命ずることができる」とある。また電波法第七十六条には、総務大臣は電波法や放送法に違反したときには無線局の運用の停止を命じることができるとある。放送法第百七十四条は二〇一〇年の法改正で設けられた条項だが、第四条が法規範という解釈であれば、総務大臣は放送法や電波法をもとに、業務の停止や停波の処分を命じることができることになる。

しかし「政府の関与を排除する」という制定目的から放送法をみるなら、次のように解釈するのがその精神にあっているだろう。

第四条の番組準則の一号「公安及び善良な風俗を害しないこと」、二号「政治的に公平であること」、三号「報道は事実をまげないですること」、四号「意見が対立している問題については、できるだけ多くの角度から論点を明らかにすること」の四項目は、解釈の幅がきわめて広いものであり、法規範とするには無理がある。

一号の「公安、善良な風俗」は、極端にいえば「わいせつ」とは何かというものと同じで、人によって異なるものだ。二号の「政治的公平」は、例えばある政治課題について全政党の意見を紹介する必要があるのか、また各党の時間配分をどうするのかなどの問題が必ず生じてくる。三号の「事実をまげない」も、そもそも事実とは何かという議論を生み、四号の「多角的」という内容も「できるだけ」とあるように、放送する側に解釈をゆだねている。そうしないと、解釈が諸説ある事案は放送で取り上げることができなくなる。

このように第四条の規定はあいまいであり、このあいまいな規定をもとに、放送法に違反しているか否かの解釈ができるとすると、まさに「軍閥、官僚が放送をその手中に握つて国民に対する虚妄なる宣伝の手段に使つた」という事態が起きてしまう。

多くの研究者は第四条の番組準則は法規範ではなく倫理規定だとしているが、その理由の一つがこの条文の記述の「あいまいさ」である。

そして放送法を制定した目的や放送法第一条に定めた放送の「不偏不党、真実及び自律を保障することによつて、放送による表現の自由を確保する」から考えれば、第四条は、放送事業者が番組編集にあたって意識することを示した倫理規定であると解釈するのが自然である。そうでなければ、「自律を保障する」ことや、そのあとで追加規定された番組基準や、番組審議会を設けたことの説明がつかないだろう。

したがって、放送法第百七十四条や電波法第七十六条に、放送法に違反したときには停波や業務の停止ができるという総務大臣の権限が規定されていても、第四条の番組準則や第五条の番組基準を根拠にそれを適用できないのはもちろんのこと、行政指導も権限なく番組内容に関与することになり、放送法に反するのである。

職業倫理は法的規制ではない

放送法のこの制定目的を知らないと、誤った解釈や行動をすることになる。番組準則は放送に携わる人たちにとって、まさに守るべきことであるからだ。

事実と異なったことを伝える、対立している事案で一方の主張だけを伝えることは、放送人としてやってはいけないことである。これは、放送業界に携わる者なら最初に教えられることだ。この番組準則は放送に携わる者にとってはきわめて当たり前のこと、職業倫理である。事実、各社が定めている番組基準もこれを基本にしている。したがって、これに反した場合は社内の処分を受けても仕方がないと受け止められている。

しかしそれは社内の問題であり、外部から批判されたり信用を失ったりしたとしても、それはその放送局の問題である。だが、視聴者から、放送を所管する役所は何をしているのだという声が上がり、国会でもなぜ放置しているのかと質問され、それを背景に役所が厳重注意などの行政指導をおこなうと、放送人も「問題を起こしたから仕方がない」と何も考えずに思っていたのではないか。

番組準則や番組基準は、取材制作者にとって放送倫理あるいは職業倫理であり、研修や現場でそうした教育を受けている。放送局の経営陣は、取材制作現場を経験している人も少なくないために、それに反した場合は行政機関から注意されても仕方がないと思っているのだろう。

しかし、経営陣をはじめ多くの放送人の受け止めは無知がもたらしたものである。放送法が何のためにあるのか、番組準則が倫理規定であることを理解していれば、仮に番組準則や番組基準に反したとしても、それは放送局自体が解決する問題であり、行政機関が、第三条の「法律の定める権限」を根拠にして、厳重注意など番組を規律することはできないことがわかるはずである。

放送法が放送の自由を守るために制定されたことを理解していれば、放送局の経営陣をはじめ働く人たちは、行政処分や行政指導に対して、本来なら「放送法に反する行為だ」「放送の自由を侵害する」と敢然と立ち向かわなければならない。それが放送の自由を守るということであり、「放送に携わる者の職責」である。ところがいちばん肝心な、なぜ放送法が制定されたのかという目的を多くの放送人は知らない。社内研修でも、放送法はなぜ制定されたのか、放送という影響力が強く、容易に国民を誤った方向に導くこともできるメディアだけに、権力の介入から守るために、戦後にわざわざ制定されたという根本を教えていない。それどころか第四条の番組準則や第五条の自ら作った番組基準を守らないと権力の介入を招くというように教え、まるでそれらの条文が法規範であるような教育をしている。日本民間放送連盟（民放連）の『放送倫理手帳』の「放送基準運用の仕組み」には、番組基準を守ることは「公権力による規制を排除して放送の自主性を保持するために必要⑹」とあるが、なぜ規制を排除する必要があるのか、規制に対して放送局はどう対応していくかについては記述していない。

実際、過去に行政指導の対象となった番組は明らかに取材制作に問題があったものがほとんどだった。社会的批判を受けたものが多い。放送局の経営層には、取材制作に問題があったことと行政指導を切り分け、行政指導を「行政の介入」と批判すると、火に油を注ぐことになるという意識がある。その結果、行政指導を受けることで社会の批判にけじめをつけられる、行政指導を批判の幕引きに使う、という自主自律を放棄した安易な姿勢に流れてきたようだ。

これは放送局の経営層をはじめ、放送に携わる者としての職責の放棄である。「自主自律」はそこから始まるものだ。

放送法は、政府の関与を排除して放送事業者が自ら律することで、放送の自由を確保するのが目的であること。放送法にある番組準則や番組基準はその目安だということ。番組準則や番組基準は、放送の自律のためにあるのであって、政府など行政の関与の根拠になるものではないということ。この理解ができていないため、行政指導を違和感なく受け入れてしまい、結果として放送に携わる人たちが、放送法の本来の目的を変えてしまっているのである。視聴者にも、守るべきことを守らなかったのだから正されるのは当然と受け止められてしまうだろう。

新聞や雑誌の記事に政府や省庁が意見を述べたり抗議したりすることはあっても、内容について行政指導するということがあるだろうか。もしそんなことが起きたら「言論の弾圧」と大騒ぎになるはずである。なぜなら権限がないからである。ところがテレビやラジオの場合は、放送法に反したからだという答えが返ってくる。しかし、放送法は、指導して正すような権限を政府や省庁に与えていないのである。

放送局は、放送法に基づき行政指導がなぜ問題なのかを視聴者に説明しなければならない。それが電波を割り当てられたものの責任である。しかし残念ながら、放送局の経営者や経営層はそう思っていない。それ以前に、なぜ問題なのかさえ知らない。

この国の自由は、私たちが勝ち取ったものではない。敗戦という大きな犠牲の結果与えられたものである。それだけに、放送法は国民を戦争に仕向けた戦前・戦中の思想統制を繰り返さないために、わざわざ作られたものであることを、私たちは知っておかなければならない。

放送人はまず、放送法のこの原則を理解する必要がある。社内で処分され会社が社会に謝罪することと、行政機関がそのときの世論を利用して権限もなくその放送局を指導してコントロールしやすくすることとは、明確に分けなければならない。あんなひどい番組を流したのだから行政から注意されて当たり前、ということではない。権限もなく何をしゃしゃり出てくるのかと反論するのが本来の姿である。

2　番組資料と放送局

放送法第百七十五条「資料の提出」

放送法第百七十五条「資料の提出」は、「総務大臣は、この法律の施行に必要な限度において、政令の定めるところにより、放送事業者（略）に対しその業務に関し資料の提出を求めることができる」というものである。

「資料の提出」の規定は一九五九年の改正で設けられたが、提案時は「郵政大臣は、この法律の施行に必要な限度において、協会に対しその業務に関し報告をさせることができる」であり、民間放送にも適用されることになっていた。さらに罰則規定に「報告を怠り、又は虚偽の報告をしたもの」が加えられていた。

この「報告」については、「読売新聞」や「毎日新聞」が「言論弾圧の導火線になりかねない」「郵政省の無言の威圧がのしかかる」[7]と批判している。国会でも番組内容や取材内容の報告を求める根拠になって、放送の自由への干渉を招くと反対意見が相次いだ。小沢貞孝議員は一九五八年十月三十一日の衆議院逓信委員会で、以下のように批判している。

「法律に定める権限に基く場合でなければ」〔現・放送法第三条：引用者注〕とあって、法律に定めればいいわけですね。その法律に定めたのが今度の改正の、わざわざ新しく入れた第四十九条の二です。「逓信大臣は、この法律の施行に必要な限度において、政令の定めるところにより、協会に対しその業務に関し報告をさせることができ。」るといって、法的に道を開いたわけです。法的に道を開いておいて、今度は政令の方においては、大臣が必要のあるときはこの今のニュース、情報収集等についても報告させることができると、法的にちゃんと道が開けているわけじゃないですか。(8)

またNHKの溝上けい副会長は、放送番組編集の自由に影響するようなことがないように逓信委員会で配慮を求め、民放連の深水六郎理事は、同じ委員会で反対の意見を述べている。(9) それに対して寺尾豊郵政大臣は「報告事項等は政令で具体的に規定し、監督官庁の悪意または逸脱を防止するように留意いたしております」と説明し、施行令で報告事項をあらかじめ定め、番組に干渉する意図はないとしている。(10) 最終的には、「報告をさせることができる」を「資料の提出を求めることができる」に修正することになった。

修正の提案について橋本登美三郎議員は、国会で「本条の趣旨が業務報告の徴収に藉口して、放送番組の内容その他に不当に干渉するような意図を含んでいないことを、一そう明瞭にしようとするものであります」(11) と述べている。この修正案は成立し、大臣が提出を求めることができる項目は施行令で制限されることになった。

番組資料が放送の自由や番組編集の自由にどう関わるのかを、あらためて考えてみよう。

例えばニュースを伝えるには、まず取材をし、誰から何を聞いたのかという資料がある。映像は取材場所に始まりそこに映っている内容すべてが資料である。さらにそうした取材や映像の指揮は誰がとって、どの部分をどんな理由で使ったのかを判断した記録などさまざまなものが番組資料にあたる。ドラマならば、脚本や台本に始まり、出演者を決めた理由、演出の仕方、カメラワークなど、ここにもさまざまな番組資料がある。

大臣がこれらの番組資料の提出を求めることができて、それに従わなかったときに罰則が科せられるとすると、放送番組が政府の管理下に置かれるのは明らかである。放送法の目的は、政府の関与を排除することだが、大臣に番組資料を提出させる権限を与えれば、放送法第三条の「法律の定める権限」によって政府はいくらでも番組に関与できることになり、放送の自由は空文化してしまう。

こうした危機感もあって、当初の「報告」は「資料の提出」に変わった。罰則を科すことはそのままで、「規定による報告を怠った場合」が単に「規定による資料の提出を怠った場合」と言葉を入れ替えただけである。しかし、批判は放送法施行令に反映された。施行令は国会で決まる法律と違って閣議で決定する。放送法施行令は第八条で、「大臣が提出を求めることができる事項は次のとおりとする」と提出項目を限定し、番組基準や訂正放送などをあげている。施行令で定める提出項目には、放送番組の内容に関する資料はない。ＮＨＫの業務の実施状況については、「放送番組の内容に関する事項を除く」としている。つまり、大臣が提出を求めることができるもののなかに、番組関係の資料は含まれていないのである。

事実、郵政省の齋藤義郎電波監理局長は一九七四年に、ある番組が政治的に偏っているのではないかという国会での質問に、「郵政省としていかなる内容の番組が放送されたかを（略）業者から聞く、資料の提出を求める権限も与えられておりません」と「資料の提出」は番組内容に関するものは対象になっていないと答弁している。[12] 研究者も、施行令は提出を求めることができる事項を限定していて、そこに個々の番組内容に関わる事項は含まれていないとしている。[13] また「資料の提出」を根拠に、放送番組の内容を確認するために報告を求めることは放送法違反になるとしている。[14]

このように所管官庁は、問題があると指摘された番組について、その番組に関する資料の提出を求めることができない。したがって、番組準則や番組規準にふれるかどうか判断する材料がないため、番組に関して行政指導をおこなうことはできない。一九七〇年代の郵政省はそのように解釈していた。この国会での答弁をみても、放送法第四条の番組準則は法規範ではなく倫理規定であることが明らかである。

このように第三条の番組編集の自由や第百七十五条の資料の提出を合わせて考えれば、番組に関する行政指導や行政処分は、放送法が想定したものではないことがわかる。

放送法を無視した官庁の求め

放送法の「資料の提出」はこれまでみてきたように、番組編集の自由の観点から政府の権限に枠がはめられた。しかし郵政省や総務省が、番組に関する行政指導をおこなうようになってから、その基本的な考え方はなし崩しにされていった。

郵政省や総務省は番組内容について行政指導をおこなうにあたり、視聴者やマスコミから問題があったと指摘された番組の内容について説明を求めている。これは先に述べたように、放送法第百七十五条の「資料の提出」に反するものである。

一九九三年のテレビ朝日の報道局長発言問題で、神崎武法郵政大臣は九三年十月二十日、衆議院の政治改革に関する調査特別委員会で、郵政省が放送事業者の調査をすることについて、以下のように述べている。

本件のようにこれが社会問題化いたしまして、放送法違反の疑いが多方面から指摘されている場合には、その事案に即しまして関係者から任意の聞き取り調査及び資料の提出を求めることはできる、このように考えております。[15]

江川晃正放送行政局長は一九九四年三月二十五日の衆議院逓信委員会で、さらに具体的に述べている。

三条の編集の自由のスタンスに立って、その番組自身の非違かどうかについての調査は当該会社にまずやってもらいます。（略）そこのところで非合理的な、手続においても不合理で、納得のできない（略）手続でどんどん答えが出てきて、はい、これがその調査結果ですと言われても、それは郵政省としては納得できないということで、それはその際に自分で手続、調査そ

の他を改めてするということもできると考えております。(16)

これら郵政省の「任意の聞き取り調査」「資料の提出」、さらには「調査」は明らかに介入であり、放送法第三条の「放送番組編集の自由」を侵し、第百七十五条の「資料の提出」を空文化するものである。その後、郵政省は、放送法以外の法律を根拠に番組資料の提出を求めて自らの行為を正当化し、いまに至っている。

一九九六年には郵政省の楠田修司放送行政局長は、ＴＢＳが坂本堤弁護士のインタビューをオウム真理教の幹部に見せた問題について、ＴＢＳから事情を聞いた法的根拠を以下のように述べている。

郵政省では放送を含めた電気通信の規律、監督するということが設置法あるいは電波法等で決められておりますから、そういう立場において事情を聴取するということであります。(17)

二〇〇七年には、総務省の鈴木康雄情報通信政策局長は、六月十二日の衆議院総務委員会で、「放送法上のどういう権限で放送局に対して番組内容についてのヒアリングを行っているのか」という質問に対して、「ヒアリングあるいは報告を（略）電波法八十一条に基づく場合と、それに基づかず事実上の行為として行っている」と放送局に説明を求める根拠を以下のように述べている。

放送法五十三条の八〔現・第百七十五条：引用者注〕が定めております場合は、具体的にはその中身、報告を求めることができるあるいは提出を求めることができる資料は放送法施行令第七条〔現・第八条：引用者注〕に具体的な内容が記載されておりますが、資料の提出を行わなかった場合あるいはその内容に虚偽があった場合に過料を科すことができるという、強制力を伴った報告の徴収でございまして、私どもとしては、その強制力を伴う報告の徴収のほかに、そこまで至らない場合の報告を受けているところでございまして、それが電波法八十一条によるものであったり、事実上の行政指導として行っているものでございます。(18)

そして、何を端緒にしているかについて同じ委員会で次のように述べている。

議員であっても一般の視聴者であっても、あるいは週刊誌あるいは新聞その他であっても、何らかの形で放送法違反ではないかという指摘があれば、私どもとしては、一応事情を、話を聞く、あるいは新聞紙面を読む限り放送法違反のおそれありと思えば、聞くことはございます。(19)

これらの答弁ではヒアリングなどの根拠に、郵政省設置法や電波法をあげている。郵政省設置法は、「設置並びに任務及びこれを達成するため必要となる明確な範囲の所掌事務を定める」とあるように、省の業務を定めたものである。放送法の規定にない、放送番組のヒアリングや事実上の報告を、郵政省設置法に基づいておこなうことができるというのであれば、個別の法律は不要で、設置法によって何でもできることになる。

また電波法第八十一条は、「総務大臣は、無線通信の秩序の維持その他無線局の適正な運用を確保するため必要があると認めるときは、免許人等に対し、無線局に関し報告を求めることができる」というもので、もともと電波の技術的な運用を規定したものである。番組内容を報告させる根拠にはならない。電波法による番組内容の提出の求めについては、研究者は、どのような解釈によって報告を求めることができるのか所管官庁には説明責任があると批判している。[20]

仮に電波法第八十一条をもとに番組資料の報告を求めることができるとした場合でも、その資料をもとに放送法第四条の番組準則や第五条の番組基準に抵触するという行政指導は、おかしい。おこなえるとすれば、電波法に基づく行政指導でなければならないだろう。

このように放送法とは別の法律を根拠にしたり、法的根拠がない「事実上の行為」としたりして、番組内容について説明や報告を求めることがおこなわれている。先ほど紹介した二〇〇七年の総務省の鈴木局長の「事実上の行為」という説明は、まさに権限はないが聞いているという実態を表したものである。

放送法で求めることができない個別番組の資料を電波法の定めを援用して報告させ、それをもとに放送法第四条の番組準則や第五条の番組基準にふれるとした番組に関する行政指導がおこなわれている。そうした運用は、番組資料を提出の対象としていない放送法第百七十五条「資料の提出」の意味を変えるものである。しかし、放送局は批判することなく従っている。

番組資料と放送局

一九五九年の放送法改正は、番組基準を設けること、番組審議機関を設けることなど、現在の放送法の大枠を作るものだった。第百七十五条の「資料の提出」の規定もこのときにできた。

しかし、放送法第三条の「放送番組は、法律に定める権限に基づく場合でなければ、何人からも干渉され、又は規律されることがない」という条文の内容との関係で、所管官庁に番組関係の資料を提出することが番組編集の自由にどんな意味をもつのか、この点について放送局に当初から明確な認識があったのかどうかは疑問である。

一九五九年の法改正の際の「報告」についての国会の審議の過程に、それは現れている。このなかで、放送局は以前から所管官庁にさまざまな報告をしていたことを明らかにしている。

ＮＨＫの野村秀雄会長は一九五八年に国会で、「これまでも当協会の業務の実情を十分に認識されることが、法の適正な施行を期する上にも、また協会業務の円滑な遂行を期する上からも必要と考え、収支予算関係の資料、番組時刻表、番組実施統計、聴取率調査結果等、協会の実態を報告して郵政当局との連絡を密にして参ったのであります[21]」と述べている。民放連の深水六郎理事は、同年の国会で「この規定を新たに設けなくても、現在までも民間放送は当局に対しまして必要な資料や報告書は提出しておる次第[22]」と述べている。

放送法第三条の規定によるのならば、放送局は、所管官庁に「何に基づいて説明や資料を求めるのか」と問いただすのが本来のあり方だろう。番組編集の自由という視点からは、これらの資料を提出しているという発言には、少なくとも「放送番組に関するものを除いて」という限定的な文言が入っていなければならない。それがあってはじめて、「報告させることができる」では報告の対象が定まらず、第三条の「法律に定める権限に基づく場合でなければ、何人からも干渉され、又は規律されることがない」の規定に基づき、政府が番組内容に関与するおそれがあるという反対意見になる。

当局が求める資料や報告書は提出しているので法定する必要はないというだけでは、なぜ反対するのか意味が伝わらない。逆にいえば、放送法によって番組編集の自由が保護されているということを理解していない。そもそも、番組編集の自由とは何かという点が放送事業者に明確になっていないといえるだろう。

法定には反対するが、自主的な提出であれば自律は守っていることになる、という判断がみえなくもない。もちろん、免許権限をもつ所管官庁への配慮もあったのだろう。しかしそれ以上に、放送局に放送法第三条の番組編集の自由の認識が欠落していたというのが、本当のところではないかと思われる。

3 異様な免許制度

電波法と放送法を所管する弊害

多くの国では、放送免許は政府からの独立性が高い独立行政委員会がおこなっている。日本でも一九五〇年に放送法、電波法とともに電波監理委員会設置法ができ、放送免許は電波監理委員会がおこなっていた。

電波監理委員会の設置にあたり、戦前から放送を管理下に置いていた政府は、戦後も統制下に置こうという考えが支配的だった。しかし日本を占領していたＧＨＱ（連合国軍総司令部）は、民主化に放送の独立が欠かせないという観点から、アメリカの例にならって政府から独立した行政委員会の設置を求め、電波監理委員会設置法が制定された。

電波監理委員会は放送法と電波法を担い放送免許やその規律を図ることになっていて、両議院の同意を得て、内閣総理大臣が任命する六人の委員によって構成されていた。

しかし独立後の一九五二年に吉田茂首相の下、多くの行政委員会とともに電波監理委員会は廃止され、放送免許権限は郵政省に移された。

電波法と放送法を一人の大臣が所管することは、放送の自由の確保には大きな欠陥を生み、二つの法を結合した監督手段によって行政の不当な事実的介入を招くことが指摘されている(23)。

電波法は第七十六条で、電波法や放送法に違反したときは、三カ月以内の放送の停止を命じることができるとし、その命令に従わないときには免許を取り消すことができる、と規定している。政府はこの規定をもとに、放送番組が放送法第四条の番組準則や第五条の放送局が定めた番組基準に反していると総務省が判断したときには放送の停止や免許の取消しができると解釈している。そして放送法が番組関係の資料の提出を認めていないにもかかわらず、先にみたように電波法第八十一条の規定によって、番組関係資料の提出を求めている。これが放送法と電波法を一人の大臣が所管することで起こる弊害である。その弊害を排するためにも、放送法の目的を理解し、放送送第四条の番組準則や第五条の番組基準が、自律のための規定で規制のための規定ではないことを認識しなければならない。

再免許と番組資料

放送免許は現在、五年ごとに更新されている。再免許の更新のときに所管官庁はさまざまな資料の提出を求めている。一九九三年の国会で郵政省・江川晃正放送行政局長は、番組に関する行政指導で求めた放送局の再発防止策などの対応策に関して、大意「再免許時に当たり、それまでの取り扱い状況についていろいろ報告を受け、審査している」(24)と答弁している。

免許の更新にあたっては、総務省の訓令に「放送法関係審査基準」があり、「第三条 地上基幹放送の業務の認定等に当たっては、次の各号の条件を満たすものでなければならない」とされている。そのなかの十一号は次のとおりである。

(11) 認定等をすることが基幹放送普及計画に適合することその他放送の普及及び健全な発達のために適切であること。別紙1の基準に合致すること。

別紙1（第三条関係）

第三条（11）による審査は、関係法令、基幹放送普及計画及び基幹放送用周波数計画によるほか、下記の基準によることとする。

記

1 放送番組の編集及び放送は、次に掲げる事項に適合するものでなければならない。

（1）公安及び善良な風俗を害しないこと。

（2）政治的に公平であること。

（3）報道は、事実をまげないですること。

（4）意見が対立している問題については、できるだけ多くの角度から論点を明らかにすること。[25]

（（5）（6）は省略：引用者注）

総務省が出している「地上基幹放送局再免許等申請マニュアル」には、この部分について、過去五年間の免許期間中に、BPO（放送倫理・番組向上機構）が勧告や見解を公表した番組の記載を求め、指摘された事項の概要、さらに指摘に対してとった措置などを記すよう求めている。[26] BPOは、放送倫理に関する放送業界の自主的な審議機関である。放送業界内部の自律向上のための組織がおこなった番組への評価と、それへの対応を報告させることは、行政機関の免許の更新に名を借りた自律への介入である。

さらにこの再免許等申請マニュアルでは、社内考査機構による番組考査をおこなった番組名や考査概要、さらには視聴者と社外モニターによる番組考査の内容の記載やモニターの人数、番組審議会へ報告した例も記載するよう求めている。そして注として「視聴者及び社外モニターから放送番組の編集の基準に照らし適当でないとして申し出のあった苦情その他の意見（五例程度）について記載してください」としている。

社内の番組考査は、番組内容がその社の番組基準に適合しているかどうかチェックするもので、いわば自律の要の一つである。これが免許の更新になぜ必要なのだろうか。総務省は放送局の自律機能がはたらいているかどうかチェックするためだと答えるのだろう。しかし自律機能をチェックする権限は、どこから生じるのだろうか。そのような自律はもはや自律ではない。監督の下には自律など存在しないからである。本来は自律を保障しなければならない政府が、その保障を崩している。

放送法が放送の自由を保障し、番組資料の提出を認めていないにもかかわらず、電波法による五年ごとの再免許の運用で、番組資料の提出を求めている。これらの番組資料の提出を求める「放送法関係審査基準」は訓令である。訓令とは上級官庁が下級官庁の権限の行使を指揮するために発する命令であり、直接的に国民を拘束するものではないとされている。それにもかかわらず総務省は、その訓令をもとに放送法が認めていない番組資料の提出を求めている。これも、一人の大臣が二つの法を所管することによって生まれる行政の不当な事実的介入である。

海外の免許制度

欧米を中心とした議会制民主国では、日本と異なり電波と放送は政府から独立した行政機関が担っている。総務省という政府の一つの行政機関が、免許と放送を所管する日本の制度は議会制民主主義の国としては例外である。

アメリカはＦＣＣ、イギリスはOfcom、フランスＣＳＡ、ドイツは各州のメディア機関とその連合体ＡＬＭという独立行政機関があり、韓国や台湾にも同様の機関がある。

これらの機関が放送に関してもつ権限は、放送免許の審査と、それぞれの機関が定めた番組内容の基準（番組コード）に番組がふれていないかの「規制」であり、罰金などの制裁を科すこともできる。[27]

アメリカのＦＣＣは一九三四年に設置され、五人の委員全員を大統領が上院の承認を得て任命する。ただし、同一政党の所属委員は三人までになっている。イギリスのOfcomはそれまであった機関を統合して二〇〇三年に設立された。合議制の意思決定機関の役員は九人、そのうち委員長を含めた六人は公募によって選ばれる。役員は、文化メディアスポーツ担当大臣をはじめ二人の大臣が共同で任命する。フランスは長年、国営放送だけだったが、一九八〇年代に入って民間放送が認められ、いくつかの独立機関を経てＣＳＡが八九年に設立された。ＣＳＡの委員は九人、大統領と上下院議長がそれぞれ三人ずつ任命する。ドイツは八〇年代に民間放送が始まり、東西統合後も基本的に各州の州メディア監督機関が認可と監督権限をもっている。その機関の評議会メンバーは各種団体がそれぞれ選んだ人たちによって構成されている。

免許の付与を政府から独立した機関がおこなうのは、放送が民主社会を支えるうえで、政府と一定の距離を保っていることが重要であるという考えに基づくといわれている。また政権交代が珍しくないから、政府から独立した機関の存在を必要としているのだろう。

免許制度の放送と政治

日本で郵政省や総務省が放送に影響力をもちつづけてきた要因の一つが、一九五〇年代後半の免許時の一本化調整にあるといわれている。[28]その研究をもとにまとめてみる。

放送法の制定とともに放送は民間に開かれ、各地で放送局開設の動きが強まり、一つの放送電波枠に複数の免許申請が出される競願状態が起きた。このため免許審査権をもつ郵政省は大きな権限をもった。一九五七年、当時の田中角栄郵政大臣は全国各地にテレビ局を開設する方針を決め、審査方針として、郵政省が指示した競願者相互の資本・役員構成などの合併条件を受け入れることなどを示したうえで、自らも競願者を呼ぶなどして各地で一本化調整がおこなわれ、NHK七局、民放三十六局に一斉に予備免許を出した。これが、郵政省が放送局に強い影響力をもつ契機になった。

その後一九六〇年代後半にはUHF局の開局をめぐり、その地域の県知事や地元国会議員が一本化調整を郵政省とともにおこなった。七〇年代に入ると、民放の系列化とその民放に資本参加している全国紙同士の競願、さらには調整に有利になるように主な申請者が友人知人に申請者になってもらい支援者を増やすというダミー申請がおこなわれるようになり、一つの免許枠に対して数十から百を超える申請者が出るようになった。地元の政・財界を巻き込んだ放送免許の取り合いが起き、調整に県知事や地元国会議員、地元財界の意向が汲み上げられるようになった。

一九八〇年代後半以降は地域の放送局の数も増え、地方によっては必ずしも経営が安定するわけではないから、郵政省が主体となって調整するケースが増えていった。

こうした放送免許をめぐる一本化調整は郵政省を軸に地方の政界・経済界と放送局のつながりを生み、地元紙や全国紙もその影響を受けることになった。

放送免許をめぐる調整は、明確な基準もなく行政の裁量の名の下に不透明におこなわれていった。その結果、免許を受けるために役所をはじめ、有力者へのすり寄りや低姿勢、恩義の感情を汲み取って従属するような土壌ができる。そうなると、放送法の本来の目的である自主自律を確保し、干渉や関与を許さないという姿勢は二の次になりかねない。そうして生まれ引き継がれた所管官庁との関係や意識が、再免許の際、またほかの場面での番組関係資料の提出の求めに抵抗なく応じてしまう現在の姿につながっているといえそうだ。明治以降、「富国強兵」の名の下に軍を筆頭に国が主導する流れは、戦後も「追い付き追い越せ」と豊かさを求めて護送船団方式と呼ばれる近年まで続いた。そうした意識を底流に、郵政省がもつ免許権限の下、行政や政界の調整で免許がおり、その結果生まれた放送局は、設立当初から、所管官庁の意向に従う弱い体質をもっていたといえる。

注

（1）「二〇一六年三月十七日衆議院総務委員会議録」、「国会会議録検索システム」（http://kokkai.ndl.go.jp/SENTAKU/syugiin/190/0094/19003170094009.pdf）［二〇一九年六月十四日アクセス］

(2)「一九五〇年一月二十四日衆議院電気通信委員会議録」、「国会会議録検索システム」(http://kokkai.ndl.go.jp/SENTAKU/syugiin/007/0800/00701240800001.pdf)［二〇一九年六月十四日アクセス］

(3)「一九五〇年四月八日衆議院本会議録」、「国会会議録検索システム」(http://kokkai.ndl.go.jp/SENTAKU/syugiin/007/0512/00704080512035.pdf)［二〇一九年六月十四日アクセス］

(4)長谷部恭男『憲法学のフロンティア』(岩波人文書セレクション)、岩波書店、二〇一三年、一六九―一七一ページ、松井茂記『マスメディア法入門第五版』日本評論社、二〇一三年、二九〇―二九四ページ、鈴木秀美/山田健太編著『放送制度概論――新・放送法を読みとく』商事法務、二〇一七年、九七―一〇三ページ

(5)浜田純一「放送と法」、『情報と法』(「岩波講座現代の法」第十巻)所収、岩波書店、一九九七年、九八―一〇〇ページ、駒村圭吾『ジャーナリズムの法理――表現の自由の公共的使用』嵯峨野書院、二〇〇一年、一五四―一六六ページ、清水直樹「放送番組の規制の在り方」「調査と情報」第五百九十七号、国立国会図書館調査及び立法考査局、二〇〇七年、六ページ、前掲『マスメディア法入門第五版』二八四―二九四ページ

(6)民間放送連盟『放送倫理手帳』民間放送連盟、二〇一五年、一二ページ

(7)「放送法改正案の内容」「毎日新聞」一九五八年二月十一日付夕刊、「編集手帳」「読売新聞」一九五八年二月十二日付

(8)「一九五八年十月三十一日衆議院逓信委員会議録」、「国会会議録検索システム」(http://kokkai.ndl.go.jp/SENTAKU/syugiin/030/0368/03010310368009.pdf)［二〇一九年六月十四日アクセス］

(9)「一九五八年十月二十二日衆議院逓信委員会議録」、「国会会議録検索システム」(http://kokkai.ndl.go.jp/SENTAKU/syugiin/030/0368/03010220368004.pdf)［二〇一九年六月十四日アクセス］

(10)「一九五八年十二月十六日衆議院逓信委員会議録」、「国会会議録検索システム」(http://kokkai.ndl.go.jp/SENTAKU/syugiin/031/0368/03112160368001.pdf)［二〇一九年六月十四日アクセス］

(11)「一九五八年十二月二十三日衆議院逓信委員会議録」、「国会会議録検索システム」(http://kokkai.ndl.go.jp/SENTAKU/syugiin/031/0368/03112230368003.pdf)［二〇一九年六月十四日アクセス］

(12)「一九七四年三月十三日衆議院逓信委員会議録」、「国会会議録検索システム」(http://kokkai.ndl.go.jp/SENTAKU/syugiin/072/0320/07203130320011.pdf)［二〇一九年六月十四日アクセス］

(13)山田健太「放送の自由と自律」、自由人権協会編『市民的自由の広がり――JCLU人権と60年』所収、新評論、二〇〇七年、一八一ページ、宍戸常寿「改正放送法と行政権限」「法律時報」二〇一一年二月号、日本評論社、九一ページ

(14)前掲『放送制度概論』九一ページ

(15)「一九九三年十月二十日衆議院政治改革に関する調査特別委員会議録」、「国会会議録検索システム」(http://kokkai.ndl.go.jp/SENTAKU/syugiin/128/0542/12810200542005.pdf)［二〇一九年六月十四日アクセス］

(16)「一九九四年三月二十五日衆議院逓信委員会議録」、「国会会議録検索システム」(http://kokkai.ndl.go.jp/SENTAKU/syugiin/129/0320/12903250320002.pdf)［二〇一九年六月十四日アクセス］

(17)「一九九四年三月二十四日衆議院逓信委員会議録」、「国会会議録検索システム」(http://kokkai.ndl.go.jp/SENTAKU/syugiin/136/0320/13603250320005.pdf)［二〇一九年六月十四日アクセス］

(18)「二〇〇七年六月十二日衆議院総務委員会議録」、「国会会議録検索システム」(http://kokkai.ndl.go.jp/SENTAKU/syugiin/166/0094/16606120094025.pdf)［二〇一九年六月十四日アクセス］

(19)同会議録

(20) 鈴木秀美「基調報告 通信放送法制と表現の自由（日本国憲法研究（2）通信・放送法制）」「ジュリスト」二〇〇九年三月号、有斐閣、八七―八八ページ、鈴木秀美／山田健太／砂川浩慶編著『放送法を読みとく』商事法務、二〇〇九年、七七ページ
(21)「一九五八年四月二日衆議院逓信委員会議録」、「国会会議録検索システム」（http://kokkai.ndl.go.jp/SENTAKU/syugiin/028/0368/02804020368021.pdf）［二〇一九年六月十四日アクセス］
(22)「一九五八年十月二十二日衆議院逓信委員会議録」、「国会会議録検索システム」（http://kokkai.ndl.go.jp/SENTAKU/syugiin/030/0368/03010220368004.pdf）［二〇一九年六月十四日アクセス］
(23) 塩野宏『放送法制の課題』（「行政法研究」第六巻）、有斐閣、一九八九年、前掲『放送法を読みとく』一一七―一一九ページ
(24)「一九九三年十月二十七日衆議院逓信委員会議録」、「国会会議録検索システム」（http://kokkai.ndl.go.jp/SENTAKU/syugiin/128/0320/12810270320002.pdf）［二〇一九年六月十四日アクセス］
(25) 総務省「放送法関係審査基準（平成十三年一月六日総務省訓令第六十八号）新旧対照表」（http://www.soumu.go.jp/main_content/000120084.pdf）［二〇一九年六月十四日アクセス］
(26) 総務省情報流通行政局「地上基幹放送局再免許等申請マニュアル」（http://www.soumu.go.jp/main_content/000546720.pdf）［二〇一九年六月十四日アクセス］
(27) ＮＨＫ放送文化研究所海外メディア研究グループ「世界の放送通信独立規制機関の現状」、ＮＨＫ放送文化研究所篇「放送研究と調査」二〇一〇年三月号、ＮＨＫ出版、八四―九一ページ
(28) 村上聖一「戦後日本における放送規制の展開」ＮＨＫ放送文化研究所編「ＮＨＫ放送文化研究所年報2015」第五十九集、ＮＨＫ出版、二〇一五年、一一六―一一七ページ

第3章　政府の番組への関与

1　郵政省の解釈変更

番組の行政指導はできないとしていた

放送法の成立によってＮＨＫが独占していた放送が民間放送会社にも開かれ、一九五三年にはテレビ放送も始まった。それに伴ってラジオとテレビに対する批判も生まれ、五〇年代の終わりには「一億総白痴化」という言葉も生まれた。とりわけチャンバラごっこやプロレスごっこに代表されるように、テレビ番組が青少年に与える影響をめぐる論議は続き、暴力や性に関する番組批判は後を絶たなかった。

そうした批判を受けて、一九五九年三月、善良な風俗を害してはならないことを番組準則に追加し、放送局が自主的に番組基準を設けることや、放送番組審議機関の設置を義務づけた改正案が成立した。

しかし一九六〇年代でも、テレビ番組の殺伐とした場面や扇情的な場面が若い人たちに強烈な刺激を与えて非行少年を生むという批判は絶えず、たびたび国会で取り上げられた。六五年には放送界の自主的審議機関として放送番組向上委員会が設立され、六九年にはＮＨＫと民放連が放送番組向上協議会を設置した。

一九七〇年代にも、国会では『11ＰＭ』（読売テレビ・日本テレビ系、一九六五―九〇年）や『23時ショー』（毎日放送・テレビ朝日系、一九七一―七九年）の「ペチャパイコンクール」「衝撃！夜の身の上相談」など、番組名をあげて批判が続いた。七一年に廣瀬正雄郵政大臣は、放送法の番組準則に「暴力とかあるいはわいせつとかいうことを掲げておきますと、（略）放送事業者の反省がもう少し具体的になってくるのじゃないだろうか[1]」という立ちを見せている。しかしこの時点でも、廣瀬大臣は七二年六月八日の参議院逓信委員会で次のように述べている。

放送法の大精神といたしまして、三条に番組編成の自由というのがうたわれておりますわけでございますが、さらにまた四十四条の三項〔現・第四条：引用者注〕に、その自由に基づきましての準則というのが列挙されておりますわけでございます。こういうことに基づいて大いに番組の向上に努力してもらわなくちゃならぬわけでございますけれども、しょせん私考えてみますれば、番組の向上というものを、あるいは行政指導でありますとか、あるいは監督の強化でありますとかいうようなことでやるということは、結局、効果の少ないものであり、またいろいろ弊害を伴う。

（略）

これは法律を改正するとか、あるいは強力な行政指導によって、内容に干渉するとかというようなことはできないわけでございます。やってみても、むしろ害多くして益なしというふうに考えておりますので、現在の方針を守りつつ、しょせん業者の自覚によってやってもらうという以外にはないわけでございますから、その自覚が機会あるごとに、これこそ強力にお願いを申しております（略）[2]。（傍点は引用者。以下、同）

さらに、一九七七年四月二十七日の衆議院逓信委員会で郵政省の石川晃夫電波監理局長は次のように述べている。

番組につきましては、御案内のとおりその検閲ができないということになっております。したがって、番組の内部に立ち至るということはできませんから、そういう意味で番組が放送法違反という理由で行政処分するということは事実上不可能でございます。

（略）

三条にございます「法律に定める権限に基く」ということは、いまの四十四条〔現・四条：引用者注〕のようなことを言っておるのではなくて、五十一条とかこのあたりの問題の、たとえば広告放送の告知とか候補者放送、こういうようなことを言っているのでございまして、番組そのものの内容を言っているわけではございません。

（略）

四十四条に述べておりますのは、そういうことで放送のあり方というものについて言っておるわけでございます。したがいまして、放送番組というものがどういう形で行われるべきであるかということは、その放送番組の基準は、ほかの章にございますようにそれぞれの会社において、いわゆる事業者において決定する。その番組の基準に従って行っていただくわけでございまして、その基準の内容に政府が関与するということはないということでございます。[3]

同じ委員会で、鴨光一郎放送部長は放送法の番組準則と郵政省の関係についてより明確に述べている。

「放送番組は、法律に定める権限に基く場合でなければ、何人からも干渉され、又は規律されることがない。」ということでございまして、番組に関しましてその違反を郵政省が判断する権限がないということは先ほどから申し上げているとおりでございますが、その違反という事実そのものは、放送事業者がこの放送法三条の趣旨によりまして自主的に判断をすべきものというふうに考えているわけでございます。

「政府、郵政省に違反かどうかを判断する権限はない」と、放送法違反の有無は放送局が自主的におこない、番組審議会や世論がその是非を判断するものだと述べている。

放送局の国会での発言をみると、一九六四年、酒井三郎民放連専務理事は「放送番組に対する規律というものは、法的に規制すべきものでなくして、放送事業者が自主的に行なう、これをあくまでもたてまえにすべきだと思います」[4]と述べている。しかし、番組準則や番組基準に沿って取材し制作することが放送に携わる人たちの基本であり、放送局の自律のよって立つところであることを、それぞれの放送局が十分認識していたとはいいにくい。視聴率を上げるため、より刺激的に、より面白くが最優先された。放送番組向上委員会の高田元三郎委員長は七一年、番組基準に抵触するものが少なくないと国会で述べ[5]、七二年には民放連の今道潤三会長は、「権力の番組への介入を避けるためにも、現行の放送基準を順守してほしい」[6]と加盟各民放の代表に呼びかけた。

重大な解釈変更と行政指導の始まり

番組批判は青少年への悪影響が中心で、低俗、暴力、性に関してであった。これらは基準や線引きが難しい問題だった。しかし放送番組批判は続き、一九八五年二月八日に衆議院予算委員会で性風俗番組を取り上げ、中曾根康弘総理大臣は「よくチェックして見て、そして繰り返さないようにこれに警告を発するなり、しかるべき措置をやらしたいと思います」[7]と述べ、同月、左藤恵郵政大臣は、全国の民放百二十六社の社長と番組審議会委員長宛に「番組基準の順守と番組向上」を求める文書を出した[8]。

ここから行政の姿勢が変わり始める。

きっかけは一つの番組だった。視聴率競争のなかで、より刺激的により面白くが優先され、遅かれ早かれ起きうることだった。

一九八五年八月に放送されたテレビ朝日（全国朝日放送）『アフタヌーンショー』（一九六五―八五年）で放送された「激写！中学女番長‼セックスリンチ全告白」では、番組ディレクターが暴走族にやらせを指示していたことが十月にわかり、ディレクターは暴行教唆で逮捕された。郵政省は同年十一月一日、「真実でない報道が行われ大きな社会問題を引き起こした」として、初めて個別の番組について厳重注意の行政指導をおこなった。

郵政省の森島展一放送行政局長は、一九八五年十二月四日の衆議院逓信委員会で次のように述べている。

> テレビ朝日としては、このような事案が再発することを万全の措置をとって防ぐということを文書で確約しておりますし、放送法令及び番組基準を遵守するという決意も披瀝されておりますので、これらを総合的に勘案した結果、今回テレビ朝日に対して電波法七十六条に基づく停波といった行政処分をあえて行うことはせず、厳重注意ということでとどめたものでございます。[9]

番組編集について、政府が関与できるとした解釈の大変更だった。

この問題は、番組のなかで「やらせ」という事実に反することをおこない、しかも暴行事件まで引き起こしたものである。『アフタヌーンショー』がそれまで事実に基づいて制作されていたかどうかは別に、番組内容に関わることが刑事事件として立件され、郵政省は一般にわかりやすい「やらせ」と「事実でない報道」という点を取り上げ、番組準則に基づいて初めて個別番組について行政指導をおこなった。

この「やらせ」問題について、新聞は、視聴率競争の結果、どのようにして興味を引くかに走りすぎて限度を超えたというとらえ方が多く、「介入を招く」と自浄努力に全力をあげることの必要性を訴えている。しかし行政指導については、「朝日新聞」「読売新聞」「日本経済新聞」「毎日新聞」の各紙をみるかぎり「番組制作に関して厳重注意は初めて」という記述はあるものの、それは、番組がそれほど悪質だったという意味合いの記事である。行政指導を「介入」と指摘した記事は前記四紙にはなかった。行政指導という言葉はなく、「警告書」や「厳重注意文書」という表現である。

法解釈の変更を指摘した新聞記事は見つからない。また、当時の民放連やNHKの年鑑にも解釈変更の記述はない。国会での審議でも、解釈変更については取り上げられていない。放送局も同様で、民放連の泉長人専務理事は、国会で謝罪と再発防止を述べるだけで法解釈の変更には言及していない[10]。

無言の放送局

刑事事件まで引き起こしたこの「やらせ」問題を前にして、放送界はそれまでの「番組の規律は放送事業者が自主的に行う」と主張することもなく、批判の嵐が過ぎ去るのを待った。放送内容に行政が関与することの意味を問うことはなかった。暴行事件まで起こした悪質な捏造に対して郵政省が注意したことは当然という空気が強く、放送法との関係、番組編集の自由との関係で、行政指導をとらえるところはなかった。

それだけ放送局の自律への不信感が強かったと同時に、そもそも放送局の自律の認識は、その程度のものだった。

二〇〇一年に出版された民放連の『民間放送50年史』には、「〝やらせリンチ〟事件の教訓」と題してこの問題を取り上げ、行政指導がおこなわれる前の一九八五年十月二十四日の民放連理事会で中川順会長は「今回の事件が言論統制に発展することが懸念される。言論表現の自由はマスコミの生命であり、外部からの介入は絶対避けなければならない」[11]と述べたことを記している。

この理事会から一週間余りのちに、先に記した放送番組について最初の行政指導がおこなわれた。しかし、『民間放送50年史』には、「郵政省から『厳重注意』がおこなわれるなど、放送に対する行政の介入を招くことにもなった」「激しさを増すメディア間競争のなかでよりインパクトの強い題材や映像を追い求める現場の制作者、取材者にとって、厳しい教訓を残した事件であった」とあるだけである。「介入は絶対避けなければならない」としながら、行政指導がおこなわれると単に「介入を招いた」と述べるだけだ。行政指導という「介入」を批判していない。

ここからわかるのは、「介入」とは何なのか、何を根拠に「介入」というのかが明確になっていないことである。「介入」としながら、自分たちが問題ある番組を放送したので郵政省から注意されたという程度の受け止めである。放送法が何のためにあるのかという認識がまったくと言っていいほどみられない。それどころか、一九七〇年代には番組に関して行政指導はできないとしていた郵政省が、重大な法解釈の変更をし、放送行政を根本から変えたことを認識していない。

放送の自由とは何か、放送法は何を保障しているのか理解していなかったために、所管官庁の方針変更に何も反論できなかったことが、その後の両者の関係を決め、自律とかけ離れた甘えを生んだようだ。

テレビ朝日報道局長を国会証人で喚問

一九九〇年代に入ってもドキュメンタリー番組で知人やモデルに演じさせたり、看護婦（師）ではない人たちを看護婦（師）にして大勢登場させたりしたとして放送局への行政指導は続き、九三年三月にはＮＨＫの看板番組の一つ『ＮＨＫスペシャル』（一九八九年―）の『ＮＨＫスペシャル　奥ヒマラヤ禁断の王国・ムスタン』（一九九二年九月・十月）で、流砂を意図的に起こしたり、高山病を演技させたりしたことがわかり、「真実でない報道」という理由で厳重注意の行政指導がおこなわれた。

そして放送局の自律への姿勢が問われることが起きた。

一九九三年七月の衆議院議員総選挙で、自由民主党は初めて野党に転落し、細川護熙総理の非自民・非共産連立政権が誕生した。その直後の九三年十月、新聞に、テレビ朝日報道局長が民放連の放送番組調査会で、「非自民政権が生まれるように指示した」と発言したと報道された(12)。そして、テレビ朝日報道局長の国会への証人喚問が決まった。しかもこの喚問は与野党が一致して決めたものである。普段対立することが多い与野党が政治的マターで一致し、メディアの人間を参考人ではなく証人として喚問する事態が起きた。証人喚問は参考人と異なって出席が強制され、偽証罪に問われることもある。

証人喚問については、放送の自由を脅かすものという批判が高まった。フリーのニュースキャスター八人が抗議声明を出し、日本弁護士連合会（日弁連）や民放労連などが抗議した。日弁連は一九九三年十一月十九日に会長声明を発表した。そのなかで「郵政省などがテレビが免許事業であることを理由に報道内容などにいたずらに介入することのないよう強く自制を求めたい」と述べ、民放連に対しても「民放連は報道の自由の重要性と、それを擁護し発展させるべき責務があることを深く自覚され、報道の自由に対する介入や干渉に対して断固たる態度で臨まれるよう強く要望する[13]」と、強い姿勢で対峙することを求めている。

また、問題とされた発言をした民放連放送番組調査会の五人の外部委員は、民放連が議事録と録音テープを国会や郵政省に提出したことに抗議し、放送局側にはっきりした抵抗の意思がみられなかったとして全員辞表を出した。放送番組調査会は、前年の十一月に、番組に対する世論を検討し番組向上の参考にするために民放連内部に設けられたもので、概要以外は非公開だった。民放連は、テープを提出したことについて「民放全体が公正・客観報道を逸脱しているかのような印象を与えかねないと判断した[14]」というコメントを出している。

一九九三年十月二十五日、衆議院政治改革に関する特別委員会の証人喚問で、テレビ朝日の報道局長は番組内容を指示してはいないと述べたが、発言については陳謝し、[15] 十月二十七日の衆議院逓信委員会に参考人で出席した社長も同様に謝罪した。[16]

テレビ朝日は放送免許の更新時期で、十月二十六日の電波監理審議会への再免許の諮問を前に証人喚問に抗議することはなかった。民放連が録音テープを国会に提出したのも同様の配慮があったのではないかと推察する。民放労連や日弁連が証人喚問やテープの提出の問題を指摘しているにもかかわらず、放送免許の更新と放送番組問題を切り離すという姿勢は放送局からは示されなかった。

電波監理審議会への再免許の諮問の際には、「再免許を与える。ただし「（略）社団法人日本民間放送連盟の放送番組調査会における椿報道局長（当時）の発言に関連する事実関係及び関係法令の適用関係について、確定できないところがあり、引き続き調査を要するので、その事実関係が明らかになった時点で、改めて関係法令に基づき必要な措置をとる。[17]」」という条件が付いていた。

放送法第三条の「放送番組は、法律に定める権限に基づく場合でなければ、何人からも干渉され、又は規律されることがない」という点からみれば、この証人喚問や録音テープの提出は、放送局が政治や行政の介入に抵抗しなかった重要な出来事だった。

郵政省の江川晃正放送行政局長は、一九九四年三月二十四日衆議院逓信委員会で、番組内容が再免許の審査条件になること、番組準則違反は電波法の停波や免許取り消しにつながるという解釈を明確に示した。これは番組準則や番組基準が法規範にあたるとしたもので、郵政省が、従来の解釈を変えたことをあらためて明確にしたものである。

一般論として言いますと、電波法七条の二項というところで、再免許の審査に当たって、放送番組編集、放送の適合性を過去の実績をもって証明することになっております。したがって、そういう再免許をするに当たっては、事実を判断してそこに及ぼすという意味での法律的効果はここに一つございます。（略）二つ目が今先生おっしゃいます七十六条第一項の問題でございます。

（略）

一般的には再免許の拒否とか、並びに放送局の運用停止等の措置を行うか否かにつきましては、これは言ってみれば極刑に当たるようなものでございますから、違反の事実の軽重とか、過去に同様の事態を繰り返しているかとか、事態発生の原因、放送事業者の対応から見まして再発防止のための措置が十分ではなく違法状態の改善が今後とも期待できない、できないかできるかといったように総合的に判断した上で条文を適用していくというふうに考えているわけでございます。[18]

電波法第七十六条一項は、電波法や放送法に違反したときは三カ月以内の無線局の運用の停止を命じることができるというものである。

さらに江川放送行政局長は、テレビ朝日がおこなった、報道局長からの偏った放送の指示の有無の調査に、「調査方法とか調べるべきポイントなどについては、郵政省とも十分意見交換を行いながら進めた[19]」と答弁している。つまりテレビ朝日は、郵政省の指導を受けながら調査をおこなったのである。ここにも自律の姿勢はみられない。

結局、郵政省は一年後の一九九四年十一月、テレビ朝日に「政治的に公平であること」という番組準則に違反する事実はなかったが、「役職員の人事管理などを含む経営管理面で問題があった」として厳重注意の行政指導をおこなった。

これは明確な政府の介入である。免許の更新に条件を付け、さらに「経営管理」という企業統治に関して行政が厳重注意するという行為は、明らかに放送法の目的を逸脱した違法なものである。

TBSの坂本弁護士テープ問題

テレビ朝日報道局長の国会証人喚問の二年後、一九九五年十月に、TBSがオウム真理教を批判していた坂本堤弁護士のインタビューを、放送前にオウム真理教の幹部らに見せていた疑いが浮上した。この九五年の三月に地下鉄サリン事件が起き、九月に、行方がわからなかった坂本弁護士一家三人の殺害遺体が供述に基づいて発見されている。

一九九五年十月十九日、日本テレビが昼のニュース番組『NNN昼のニュース』(一九七八―九三年)で、TBSが放映前の坂本弁護士のインタビュービデオをオウム幹部に見せたと報道し、TBSは同日夕方のニュース番組で否定の声明を放送した。九六年三月十一日、TBSは坂本弁護士のインタビュービデオを見せた事実はなかったという「社内調査概要」を発表した。

三月十九日、TBSの大川光行常務は衆議院法務委員会に参考人招致された。ここで大川常務は、社内調査概要に従って、社内の調査では、見せたという事実は出ていないと説明した。[20] しかし、三月二十三日にオウム真理教幹部の早川紀代秀元死刑囚の「早川メモ」の全容が明らかになった。翌々日の三月二十五日に、ＴＢＳの磯崎洋三社長は、坂本弁護士のインタビュービデオをオウムの早川元死刑囚たちに見せたことを認める緊急記者会見をおこなって陳謝した。

そして、ＴＢＳは問題が明るみに出る六年前の一九八九年十月二十六日に、坂本弁護士インタビューテープをオウム真理教幹部に見せたこと、坂本弁護士一家はその直後の十一月に殺害されたことが判明した。

郵政省は一九九六年五月、大臣名で、放送の目的などに抵触するとして厳重注意の行政指導をおこなうとともに、日野市朗大臣は国会で以下の談話を読み上げた。

> 真実を追求し報道することを使命とする放送事業者が、自ら行ったことの事実解明さえ成しえなかったことは、同社の言論報道機関としての存立の基本にもかかわるものである。
>
> （略）
>
> 放送事業者として本来有すべき公共性に対する自覚を欠き、社会的使命を十分に果たすことなく、放送に対する国民の信頼を失墜させたものである。[21]

ＴＢＳの磯崎洋三社長は、「報道機関にとりまして信頼こそが命であります。私どもは営々として築き上げてきた信頼をみずから大きく傷つけてしまいました[22]」と国会で陳謝した。またＮＨＫ会長、民放連会長も「信頼回復に努める」という趣旨の発言をしている。

ＴＢＳのこれらの行為と対応は取材倫理の根幹に関わり、報道の信頼を根底から揺るがすもので、放送局は反省と信頼回復をあらためて誓うことしかできなかった。

この行政指導は、坂本弁護士のインタビューテープをオウム真理教の幹部に見せたこと、その後、坂本弁護士と家族の行方がわからなくなって公開捜査になったにもかかわらずインタビューの件を通報しなかったこと、さらに事実に反する社内調査結果を発表したことが放送法の趣旨に反するとしている。

当時のオウム真理教とテレビ報道の関係をまとめると以下のようになる。

坂本弁護士へのインタビューがおこなわれた一九八九年当時は、オウム真理教が若者を中心に組織を急速に膨張させていった時期である。教団は超能力を押し出し、信者になった子どもを返せという家族の声が寄せられた。ワイドショー番組では、話題性が高いテーマとしてオウム真理教の幹部をたびたび出演させていた。坂本弁護士は、早い時期からオウム真理教を批判していた。

ＴＢＳは一九八九年十月二十七日にオウム真理教について『３時にあいましょう』（一九七三―九二年）で取り上げることを企画し、坂本弁護士のインタビューを取材するとともに麻原彰晃元死刑囚を取材した。しかし、オウム真理教の幹部が坂本弁護士のインタビューを見せることを要求し、結局、ＴＢＳの担当者はインタビューテープを見せることにした。そして、このテープを見たオウム真理教側の抗議を受けて放送しないことになった。この直後に坂本弁護士一家三人の行方がわからなくなった。

その後、オウム真理教は一九九〇年には真理党を結成して麻原元死刑囚と信者が衆議院議員総選挙に集団立候補し、全員落選したことが話題になった。その一方で、教団施設の建設をめぐってトラブルも起きていた。九四年六月二十七日には、長野県松本市の住宅街でサリンが散布されて七人が死亡した。長野地裁松本支部ではオウム真理教の土地売買の裁判がおこなわれていたが、この時点ではオウム真理教が凶悪な事件を起こすとはみられていなかった。

松本サリン事件では事件発生の翌日、警察は第一通報者だった河野義行さんの家を被疑者不詳のまま家宅捜索をおこない薬品類など数点を押収し、河野さんへのマスコミ報道が過熱した。

一九九五年一月一日、「読売新聞」が一面で教団施設がある上九一色村でサリン残留物が検出されたという衝撃的な内容を報じたことで、初めてサリン事件とオウム真理教の結び付きが表に出た。そして九五年三月、地下鉄サリン事件が起き、麻原元死刑囚をはじめ教団幹部が逮捕された。坂本弁護士一家行方不明事件とオウム真理教の関係が明らかになったのは、この逮捕のあとである。

このオウム事件では、テレビや新聞など多くのマスコミが誤りを犯した。情報番組では、話題性が高いテーマとしてオウム真理教の幹部をたびたび出演させていた。松本サリン事件、地下鉄サリン事件のあと、行方不明だった坂本弁護士一家三人の遺体が発見され、しかも坂本弁護士のインタビューテープを教団幹部に見せた直後に一家が殺害されたことが明らかになったことから、行政指導は当然のことのように受け止められた。

行政指導の定着

一九八五年の、制作者が逮捕された番組について初めて行政指導がおこなわれた際に、放送界は批判しなかった。しかし、放送法の「法律に定める権限なく番組を規律することはできない」という規定を正しく理解していれば、行政指導が番組への違法な介入にあたることはわかっていたはずである。しかも郵政省は、それまで番組内容について行政指導はできないと国会で説明していたのである。問題ある番組制作を自ら反省したうえで郵政省の行政指導に異議をとなえていれば、違った状況が生まれていたはずである。だが、放送界は謝罪し、批判の嵐が通り過ぎるのを待つだけだった。その結果、その後も行政指導がなされ、報道局長発言問題での対応が、より強い行政指導を生み出し、社会は当然のこととして受け入れ、放送の経営層や現場で働く人たちも疑問をもたなくなった。

法解釈は状況によって変わり、自主自律は意識しないとどんどん狭められ、政治や行政はそうした機会はのがさず介入し、監督を強める。坂本弁護士インタビューテープ問題については、世論は徹底してＴＢＳ批判だった。

一度できた流れを変えることは容易ではない。だが、放送局の経営者や現場の人たちはまず放送法の目的を知ること、そして理論として理解し、声を発する機会を見失わないことが重要である。

筆者の過ち

一九九五年三月に地下鉄サリン事件が発生し、オウム真理教に対する強制捜査が実施された。その過程でオウム真理教幹部は、松本サリン事件がオウム真理教の犯行であることを自供した。

筆者はオウム真理教が宗教法人として東京都に認定された当時、都庁を担当していた。認定をめぐり、オウム真理教が都庁に集団で押しかけるなどの圧力があったと地下鉄サリン事件のあとで知ったが、当時はそんなトラブルがあったことも知らなかった。

松本サリン事件の際はデスクとして長野局に応援に入った。目撃証言のなかには宇宙服のようなものを着ていた者がいたというものもあったが、何かの勘違いだとまったく問題にしなかった。もっぱら毒ガスがどこから出たのかに注力し、戦時中の陸軍の毒ガスが松本に埋められたという情報の確認に追われた。

ところが事件発生から一日もたたないうちに、被疑者不詳のまま殺人容疑で河野義行さん宅の家宅捜索がおこなわれたという話が入った。これで決まりだと思った。通常であれば、事件発生間もない時点でおこなわれるのは現場検証であり、広い範囲に被害が及んでいる事件現場で特定の住宅について家宅捜索をおこなうことはない。しかも被疑者不詳としながら容疑はいきなり「殺人」。「過失致死」ではなく、殺意があったということだ。何か決定的な証拠があったのだと確信した。不思議なものでその目で河野さんを見ると、化学に関心があったらしいなどの情報が集まってきた。

河野さんが当初から関与を否定していたにもかかわらず、容疑者であるかのような報道は私を含めてすべてのテレビ、新聞がおこなった。

事件取材では捜査当局がもつ情報量は圧倒的であるため、どうしても捜査当局の見方に引っ張られてしまう。捜査が誤った方向に進むと取材者もその方向に進み、ときに冤罪を生んでしまう。許されないことだが、私を含め取材者は冤罪に加担してしまうのである。
後年、警察庁の知人に、なぜあの時点で家宅捜索をしたのかとたずねると、サリンのような有毒ガスが簡単に作れると思っていたようだと当時の認識を話していた。

2　放送局は行政指導に無抵抗

学説は「番組の行政指導はできない」

行政手続法が一九九三年に制定され、それまであいまいだった行政指導は「行政目的を実現するために一定の作為や不作為を求める」もので、「指導は任意の協力によって実現されるものであり、従わないことを理由に不利益な取り扱いをしてはならない」と規定された。これに対して行政処分は、「公権力の行使であり、法令に基づき行政庁が義務を課し権利を制限する行為」と規定され、行政指導と明確に分けてある。

行政処分の前段として行政指導はおこなえるとする説[23]があるが、結果として行政処分となったとしても行政指導は行政手続法上、行政処分とは異なるものであり、行政処分の事前措置として行政指導をおこなうことは、行政指導の定義そのものをあいまいにするものだといえる。

また、行政指導については法的根拠がなくてもできるとする説[24]がある。しかし、行政は法にのっとって業務を執行するのである。戦後の復興が行政の主導でおこなわれてきたこともあって、この国では行政に仲介斡旋を期待する傾向が強い。しかし、放送内容について法的根拠もなく行政指導ができるとすることは、放送法制定の目的である政府による番組への関与を排除することが崩れ、法的根拠がない干渉や規律を禁じた放送法第三条に反することになる。

これまでたびたびふれてきたが、多くの研究者は、放送法第四条の番組準則は倫理規定で、所管官庁が放送局に関与する権限を与えるものではないとしている。電波は限られたもので強い影響力があるために、放送法は、政府がその内容に関与すると国民の自由が侵されるという痛切な経験をもとに、政府のコントロールを避けることを目的に制定されたものである。番組準則の規定は放送局が自ら守るべき倫理を示したものであり、所管官庁が放送番組に関与する根拠とすることは、表現の自由を定めた憲法にも反するものである。

しかし、こうした学説や放送法制定時の思いがあるにもかかわらず、放送局の反応は当初から鈍かった。

強まる行政指導内容

筆者の情報公開法に基づく開示請求で開示された「放送事業者がおこした番組問題に関する行政指導一覧」によれば、一九八五年から二〇〇九年まで三十七件の行政指導が記載されている。その後一五年に一件おこなわれている。この三十八件の内訳はCATV事業者一件、BS・CS放送局合わせて二件で、三十五件は地上テレビ局である。

番組に関する行政指導には警告、厳重注意、注意、口頭注意の四つがあり、大臣による警告は最も重いものである。

行政指導は二〇〇五年以降大幅に増えている（図１）。一九八五年から八九年の間では一件だったものが、九〇―九四年に五件、九五―九九年に五件、二〇〇〇―〇四年に四件、〇五―〇九年に二十二件となっている。特に〇五年から〇九年までの五年間で全体の半数を超える行政指導がおこなわれている。第三次小泉純一郎内閣から第一次安倍内閣の間が多い。インターネットの普及によ

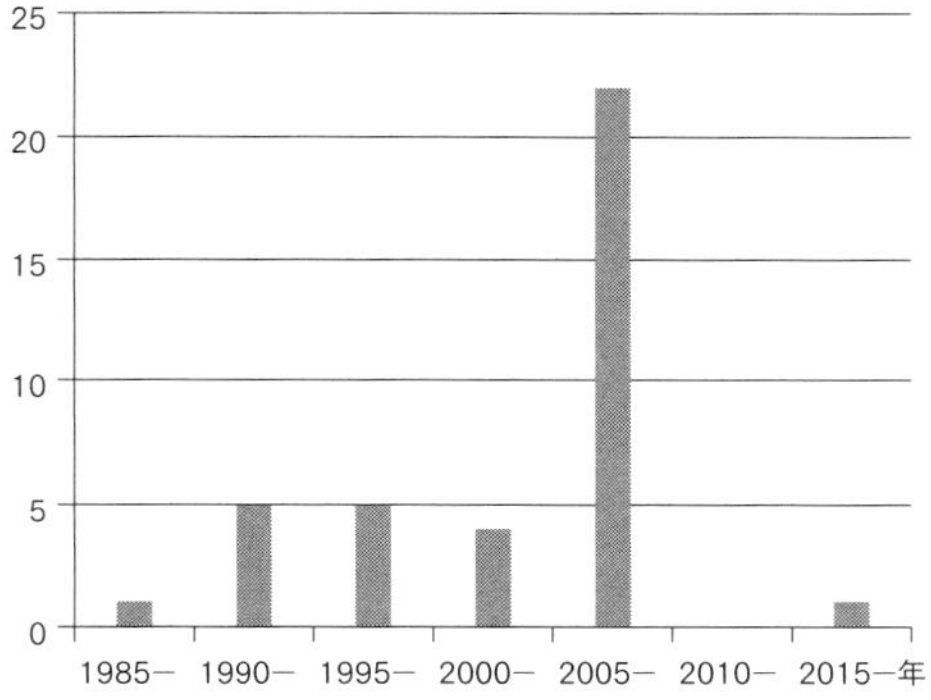

図1　指導件数

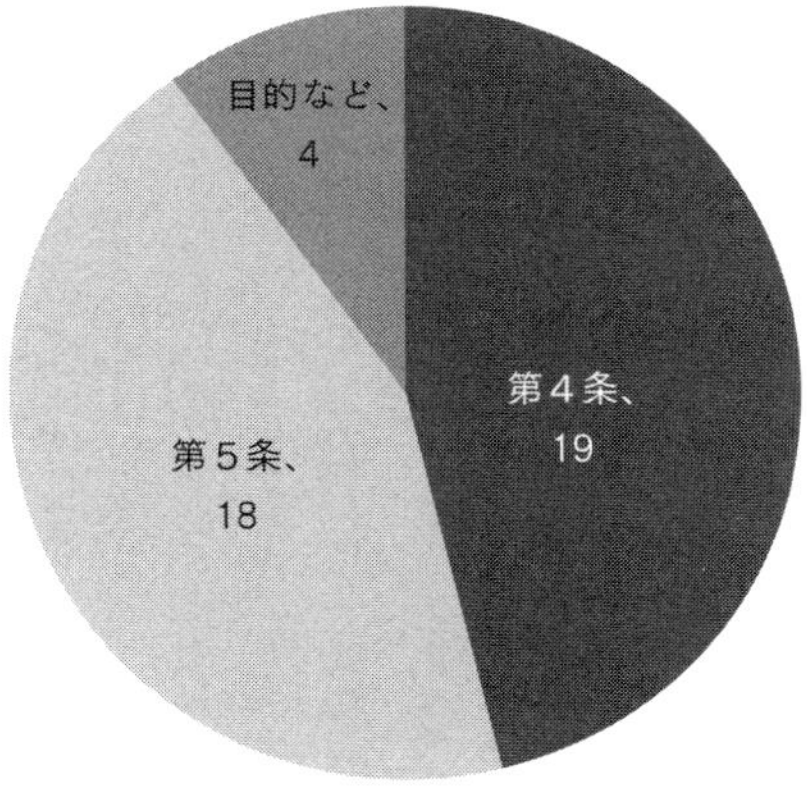

図2　放送法の条項別の割合

って、番組制作での「仕込み」の情報が表に出やすくなっていることも考えられる。

三十八件の行政指導のうち放送法第四条の番組準則に抵触するとしたものが十九件、このうち「事実をまげない」にふれるとしたのは十六件、政治的公平にふれるとしたのが三件である。放送法第五条の番組基準に抵触するとしたのは十八件で、このうち三件は番組準則にもふれるとしている。また、放送法の目的や趣旨に抵触するとしているのは四件あり、このうち一件は番組基準と訂正放送にもふれるとしている。

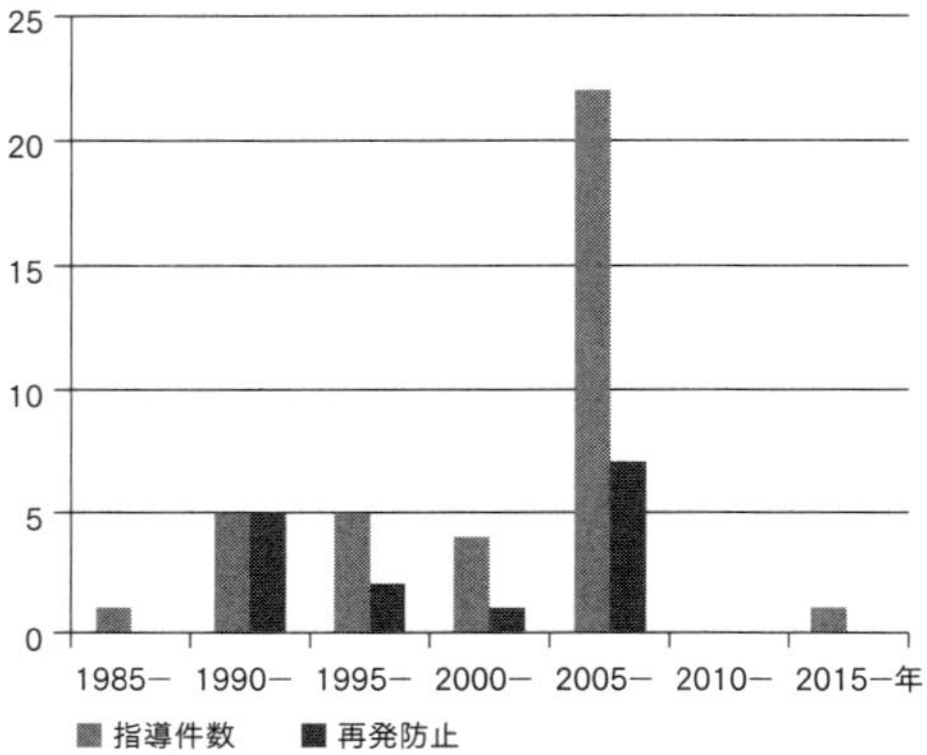

図3　指導件数と再発防止策

番組準則が倫理規定であるのと同様に、番組基準は、放送法に「放送事業者が定め、それに従って番組の編集をしなければならない」とあるように、放送局が自ら定めた番組編集のルールである。したがって、番組基準に反しているかどうかの判断は、放送局が自らおこなうものであって、外部の所管官庁がおこなうものではない。番組基準を根拠とした行政指導が最初におこなわれたのは、一九九五年の読売テレビのアニメ番組で映像内に別の映像を瞬間的に入れ込むサブリミナルの疑いというものである。

再発防止計画の求め

三十八件の行政指導のなかには、「再発防止に向けた取組を強く要請」にとどまらず、再発防止の取り組み状況や再発防止策の報告を求めたものが十五件ある。

最初に出されたのは、一九九二年、番組に関する二件目の行政指導のときである。朝日放送の『素敵にドキュメント』（一九八七―九二年）で、エキストラを女性会社員などと偽って演技させたとして、郵政大臣の厳重注意の行政指導がおこなわれ、再発防止の取り組み状況を当分の間、四半期ごとに報告するよう求めている。その後、九四年のテレビ朝日報道局長の発言問題まで、出された五件の行政指導ではすべて再発防止の取り組み状況の報告を求めている。

行政指導で再発防止計画や実施状況の報告を求めることについて、民放連の松澤經人専務理事は一九九三年に、「本来、このような報告を求められますことは決して好ましいこととは考えておりません。（略）今回の報告は、いわばこうした不祥事を今後二度と繰り返さないために社内でとった措置を報告する極めて特殊事情のもとにおける限定されたものであろう」[25]と国会で述べている。

しかしこのとき、民放連が例外としていた再発防止計画の報告は、その後も続いた。そのたびに、放送局はこれらの行政指導をすべて受け入れている。再発防止策や実施状況の報告を求めた行政指導に、放送局が反論したという事例は見つからない。

郵政省も反論がないことをふまえた発言をしている。一九九三年三月、読売テレビやＮＨＫに再発防止計画などの報告を求めたことについて、小泉純一郎郵政大臣の発言を要約すれば以下のようになる。「二度とやらせがないよう現実的な取り組みが行われているかということで報告を求めている」[26]。さらに郵政省の木下昌浩放送行政局長は委員会で、報告の期間は「再発防止に向けての取り組みが十分機能していると認められる時期まで」として、再発防止ができているかどうかを郵政省が監督するという考え方を明らかにしている。

一九九三年に行政手続法ができるまで行政指導と行政処分の区別はあいまいで、行政処分に近い行政指導がおこなわれていた。一連の再発防止策の提出の求めも、そうしたあいまいさのなかでおこなわれたとみることができるだろう。しかし行政手続法制定後も、同様の再発防止策や実施状況の報告を求める行政指導は続き、二〇〇六年には、七件のうち四件の行政指導で再発防止策や実施状況の報告を求めている。

なぜ、行政処分のような行政指導がおこなわれているのか。

行政処分は、「法令に基づき行政庁が義務を課し権利を制限する行為」であり、放送法違反について行政処分ができるのは、電波法による放送の停止、免許の取り消しで（二〇一〇年の放送法改正で地上放送を除く放送事業者への業務停止が加わった）、再発防止計画の策定を命じる行政処分はない。郵政省からすれば番組批判を受けて放置できないということなのだろう。視聴者からの批判に、行政指導は行政処分に匹敵する内容になってきた。

しかし、行政指導は「要請」であり、行政処分は「命令」であることから、行政手続法からすれば行政指導は「再発防止に向けた真しな取組を強く要請」までである。強制力はないとはいえ、再発防止策や措置状況の報告を求めるのは行政指導の範囲を超えている。しかも、放送法第百七十五条の「資料の提出」の内容を定めた放送法施行令には、提出項目のなかに再発防止計画は含まれていない。

行政手続法では、行政指導について、「従わなかったことを理由として、不利益な取扱いをしてはならない」としている。

そもそも番組内容に関する行政指導自体が許されないものである。先ほど取り上げた民放連の松澤専務理事の発言にもあるように、放送局は当初、再発防止計画の提出を「このような報告を求められますことは決して好ましいこととは考えておりません」としながら、その後も行政指導に抗議することもなく受け入れ、法的な根拠もない行政の求めに応じている。

取材制作で同じような過ちを繰り返しながら、放送局は自律の姿を示せずに権力の介入を招き、行政指導を介入とも意識しない状態になっていった。

3　繰り返される法規制の動きとふらつく放送局

新たな行政処分案

二〇〇七年一月、関西テレビの『発掘！あるある大事典Ⅱ』（二〇〇四―〇七年）で取り上げた納豆ダイエットの番組で、データの捏造が明らかになった。『発掘！あるある大事典Ⅱ』は健康や食品を取り上げたものが多く、この納豆を取り上げた放送の翌日には店から納豆がなくなるほどの反響がある人気番組だった。その後の調査で、納豆をはじめチョコレートや寒天など〇五年一月から〇七年一月まで八回の番組でデータの捏造がおこなわれていたことが明らかになった。番組は打ち切られ、関西テレビ社長は辞任し、民放連は関西テレビを除名処分にする事態になった。

菅義偉総務大臣は、二〇〇七年二月二十日の衆議院総務委員会で、〇六年だけで六件の行政指導があり、行政指導をおこなっても問題ある番組が出続けるとして、法改正も含め再発防止策をとる必要があるという考えを示した。[27] そして同年三月に、関西テレビに「放送法違反の状態を再度生じることになった場合には法令に基づき厳正に対処する」と厳しい内容の行政指導をおこない、その翌月、新たな行政処分の条項などを入れた放送法改正案を提出した。改正案は以下のとおりである。

第五十三条の八の二　総務大臣は、放送事業者（受託放送事業者を除く）が、虚偽の説明により事実でない事項を事実であると誤解させるような放送であつて、国民経済又は国民生活に悪影響を及ぼし、又は及ぼすおそれがあるものを行い、又は委託して行わせたと認めるときは、当該放送事業者に対し、期間を定めて、同様の放送の再発防止を図るための計画の策定及びその提出を求めることができる。

2　総務大臣は、前項の計画を受理したときは、これを検討して意見を付し、公表するものとする。[28]

条文上は、放送事業者が、「虚偽の説明」「誤解させるような放送」「悪影響を及ぼすおそれ」を認めたときとなっている。

民放連は、法改正案が国会に上程された二〇〇七年四月六日、「放送法改正案には新たな行政処分の制度が盛り込まれている。新法案は報道と表現の自由という市民社会の基盤を損ねるものであり、私ども民間放送事業者はこれに反対する」とし、「放送事業者全体が自主的に再発防止に取り組むことを改めて表明する[29]」という会長コメントを出した。そして〇七年六月二十日の衆議院決算行政監視委員会で、民放連の広瀬道貞会長は、番組準則は至極もっともなものだが、個々の番組に厳密に当てはめて判断するのは難しいとしたうえで、新たに自主的規制機関を設けると述べている[30]。NHKの橋本元一会長は、国会で「行政が具体的に取材、あるいは番組制作の仕方の中まで編集過程そのものに関与することは大変懸念される[31]」と反対した。

また日弁連は二〇〇七年三月二十八日に会長談話を出し、「行政機関が、免許権限を背景として再発防止計画の提出を求めることは、その要件が必ずしも明確でないことと相まって、放送事業者に萎縮的効果をもたらすおそれが強く、（略）このような放送倫理上の問題は、放送事業者が自らを厳しく律することによって解決されるのが望ましい[32]」と述べ、行政処分案に反対するとともに放送各社に厳しく律するよう求めている。

結局、新たな行政処分の条項は放送法改正案から削除された。

一貫しない放送事業者

放送局が本当に自律を考えているのかを疑わせる事案が、そのあと起きている。

法改正論議から二年後の二〇〇九年六月に、ＴＢＳは『情報7days ニュースキャスター』（二〇〇八年―）で、清掃車が普段はブラシを上げず清掃を中断しない交差点で、番組スタッフが依頼して清掃車がブラシを上げて清掃を中断した状態で通過するように見せて二重行政の象徴的な例とした。この番組は行政指導を受け、再発防止の取り組みを三カ月以内に報告するよう求められた。情報公開請求で開示された文書(33)を以下に引用する。

「情報7days ニュースキャスター」における問題への対応について（厳重注意）

貴社が平成二十一年四月十一日に放送した「情報7days ニュースキャスター」の「地方自治特集」のＶＴＲの中で、二重行政の事例として放送した部分について、次の点において重大な過失があったと認められる。

本件は、清掃車が普段ブラシを上げず清掃を中断しない交差点において番組スタッフからの依頼により番組のために清掃車がブラシを上げて清掃を中断した状態で通過するところの作業風景を撮影した映像をもって二重行政の象徴的な事例として紹介し、（略）この点において、放送法（昭和二十五年法律第百三十二号）第三条の二第一項第三号〔現・第四条一項三号：引用者注〕「報道は事実をまげないですること」との関係上、貴社に、放送番組の編集上求められる注意義務を怠った重大な過失があったものと認められる。

これは、放送の公共性とその社会的責任にかんがみ、誠に遺憾であり、今後このようなことがないよう厳重に注意するとともに、再発防止に向けた取組を強く要請する。

また、再発防止に向けた取組の内容について、三か月以内に文書により報告されたい。

この番組は放送後の四月十七日に国土交通省近畿地方整備局から「事実と違う」という指摘を受け、TBSは四月二十五日におわびと補足説明の放送をしている。その直後、総務省から経過の説明を求められ、TBSは当初は思い込みが発端と回答したものの、さらに二回の再質問を受け、その結果、この行政指導に至っている。

この行政指導に対して、放送局が新たな行政処分案に反対して二〇〇七年に設立した放送倫理・番組向上機構（BPO）の放送倫理検証委員会は、当該事案を討議中だったこともあって、同年七月十七日、委員長談話を出して「少なくとも放送界側の自主的・自律的機能の十全な発揮が期待出来る限り、その結果を基本的に尊重することが、総務省のあるべき態度なのではないだろうか(34)」と行政指導を批判した。

またこの行政指導に先立って二〇〇九年四月二十二日には、テレビ愛知に対してスタッフ二人を通行人に装わせてインタビューして放送したとして、東海総合通信局長名の厳重注意の行政指導がおこなわれている。このテレビ愛知への行政指導でも、再発防止策の措置状況を三カ月以内に報告するよう求めている。

「再発防止に向けた取組内容」や「再発防止策の措置状況」の報告を求めたこれらの行政指導は、行法改正によって設けようとした行政処分そのままの内容である。しかしTBSやテレビ愛知は、行政指導の「再発防止の取組の報告」や「再発防止策の措置状況の報告」の要請に応じている。再発防止計画の策定の法定化には、「市民社会の基盤を損ねる」として反対したにもかかわらず、行政指導では提出している。これでは何のために放送法改正に反対したのかわからない。

報告された再発防止策

ＴＢＳが総務省に提出した「再発防止の取組の報告」はどんなものだろうか。筆者の情報公開請求で開示された文書によれば、再発防止策として「番組チェック体制の強化と再構築」と「情報番組ガイドラインの作成・研修」の二つの項目をあげている。

「番組チェック体制の強化と再構築」には、取材過程のチェック強化に向けて取材日誌の運用開始、情報番組の経験豊富な制作要員の重点配置、責任体制明確化のための社内処分と担当業務変更を報告して、取材情報の共有化やスタッフ同士のコミュニケーション強化、放送に至るチェック体制の強化をあげている。

「情報番組ガイドラインの作成・研修」については具体的な事例をもとに取材倫理や取材マナー、演出上の注意点などを入れ込んだ七十ページほどのものを作成するとし、十五章に及ぶ内容の目次を記している。

しかし、所管官庁にこうした内部の規律やめざすべき方法を提出することが何をもたらすかは明らかである。例えば、「番組チェック体制の強化」にある取材日誌の運用開始については、意味があるものにするためには取材制作内容を細かく記載する必要がある。しかし、問題が生じたときに、所管官庁から取材日誌を見せるよう求められたときにどうするのか。再発防止策は、所管官庁にチエックできる点を教えるようなものである。放送事業者は一時的に問題を収めるために、どんどん縛られていく危険を自ら招いている。

もちろん、二〇〇七年の新たな行政処分案を取り下げさせたことは重要である。この行政処分案が成立していれば、提出された再発防止策について総務省は具体的な質問をすることができ、不十分であるとして突き返すこともできる。そして、番組資料の提出を認めていない放送法第百七十五条の「資料の提出」の施行令の規定も変更されることが想定できる。その点では、要請にとどまる行政指導と行政処分は大きく違う。さらに、行政処分を受けることは再免許申請の際の大きな審査ポイントにもなる。

しかし重要なのは、行政処分に反対しながら、同じ内容の行政指導には何の抵抗もなく従っていることである。視聴者からみれば、強制だろうが任意だろうが、求められたものを出していることに変わりはない。

行政指導で再発防止策やその実施状況の報告を要請され、それに粛々と応じると総務省から再発防止策への質問や修正強化のはたらきかけがくることは明らかである。番組に問題があったのは事実だとしても、そのことと、行政指導を受け入れることや「再発防止の取り組み」を報告することは、放送法の目的や放送の自律からみて別の問題であるという認識が放送局にはない。その結果、役所が番組について注意することは何ら問題がないと放送局で働く人間も視聴者も思い込まされている。

民放連の広瀬道貞会長は、同じ二〇〇九年十月の第五十七回民間放送全国大会でのあいさつで、法改正に反対したことにはふれたものの、この行政指導にはまったくふれていない。放送局は行政処分に反対しながら、同等の行政指導は受け入れている。

行政指導は、従わなくても「不利益な取扱いをしてはならない」と行政手続法で定められている。再発防止策を作るのは当然としても、なぜ報告するのだろうか。そこからは自律の意識はみえてこない。

民主党政権の法改正

民主党は二〇〇九年八月の総選挙の際、「民主党政策集INDEX2009」で、「通信・放送委員会（日本版ＦＣＣ）の設置」と「通信・放送行政の改革」を掲げた[35]。

政権党となった民主党は二〇一〇年五月、「民主党政策集INDEX2009」に基づいて通信・放送の融合時代に対応した法改正案を提出した。放送と通信の八つの法律を四つの法律にまとめる大改正案である。しかし放送法改正案には電波監理審議会の建議の条項があり、反対議論が高まった。追加提案された電監審の条項は以下のとおりである。

第百八十条

電波監理審議会は、次に掲げる重要事項に関し、自ら調査審議し、必要と認められる事項を総務大臣に建議することができる。

一　放送が国民に最大限に普及されて、その効用をもたらすことを保障することに関する重要

事項
二　放送の不偏不党、真実及び自律を保障することによつて、放送による表現の自由を確保することに関する重要事項
三　放送に携わる者の職責を明らかにすることによつて、放送が健全な民主主義の発達に資するようにすることに関する重要事項
２（略）[36]

この第百八十条について日弁連は、二〇一〇年五月十七日に会長声明を出して「改正法百八十条によれば、放送の不偏不党、真実及び自律等、法一条で目的として定める重要事項に関し、電監審が『自ら調査審議し、必要と認められる事項を総務大臣に建議することができる』こととなる。（略）総務省が電監審を隠れ蓑として正面から主張できない政策を審議会の建議という形で推し進めることが強く懸念される[37]」と総務省の姿勢を厳しく批判し、第百八十条の削除を求めた。

民放連の広瀬会長は同年五月の衆議院総務委員会で、「電波監理審議会が建議ができるんだ、大臣の諮問がなくても意見が言えるんだというのは、見方によれば、そうした行政指導の乱発に対して、それは間違っているんじゃないかと大臣に確かめることもできるのかなという気はいたします。しかし一方、そういうときに何にも行政指導をしない大臣に対して、もうちょっとしっかりして国民の不安に対応したらどうか、そういう建議もできるのか、やることになるケースもあるんじゃないかという心配もせざるを得ません[38]」と反対した。しかしこの発言をみても、行政指導はおかしい

と批判してはいない。認めているのである。日弁連の放送に介入する法的根拠を与えるという声明とは根本的に違っている。

結局、電監審の建議の条項は削除された。しかし新たにこの改正で、放送法に反したときには、特定地上基幹放送事業者（地上放送事業者）を除き、総務大臣がＢＳ放送やＣＳ放送に業務の停止を命じることができるという規定ができた。

なれ合う放送局と行政

新たな行政処分案と、この建議についての放送局の反対からはっきりわかるのは、放送局は、法律によって義務づけられることには反対する。しかし行政指導のように、強制力をもたないものについては素直に受け入れている、ということだ。二〇〇七年の行政処分案のあとに出たＴＢＳの番組に対する行政指導は、行政処分案の内容そのものであるにもかかわらず、ＴＢＳは再発防止への取り組みを総務省に出している。

なぜこのような対応になるのだろうか。考えられるのは、行政指導のように強制力がない要請について放送局は、自らの判断で求めに応じたといえることである。法律に定められることには、放送の自由の大義の下に反対を叫ぶが、任意の求めには、自主的な判断によって対応したものであり「自主自律は侵されていない」「行政の介入を許していない」と言い訳ができるからである。事実、放送局は行政指導を受けたあとも、「何人からも規律されることなく、自ら律して放送している」という発言を繰り返している。

一方、総務省にしても「監督責任を果たせ」という声には、行政指導によって再発防止計画や実施状況の報告を求めることで応えられる。総務省は新たな行政処分案が成立しなくても十分に機能を果たすことができ、放送局は自らの判断で提出したと説明ができるという、双方にとって都合がいい状態が生まれている。

放送局は番組準則だけでなく、自ら決めたルールである番組基準に抵触したとされた行政指導も受け入れ、再発防止計画やその実施状況の報告をおこない、資料を提出し、あたかも管理下に置かれたような状況を生み出している。

しかしこうした一種の放送村のルールともいえるようなものは、いったん規制強化の機運が高まれば一気に崩壊してしまうだろう。

再発防止策の提出を求める行政指導が続き、それに唯々諾々と従うことは、所管官庁の管理をより強くすることである。それは遠からず形を変えた新たな行政処分の提案となって現れるだろうし、世論もその方向へ流れるだろう。自律の観点からすれば、問題があった番組については必ず検証番組を放送し、視聴者に何が問題だったのかを伝え、再発防止を約束することが、視聴者の支持につながり、行政指導に毅然とした姿勢で臨むこともできる。それは放送法の目的そのものである。

しかしこうした所管官庁との関係は、第2章第3節「異様な免許制度」でみてきたように、放送法制定直後から続いている。

4　行政指導への批判

放送倫理検証委員会の行政指導批判

第1章第2節「番組への行政指導」で紹介したNHKの『クローズアップ現代 出家詐欺』への行政指導は、半年後の二〇一五年十一月六日、重大な放送倫理違反があったとするBPOの放送倫理検証委員会の決定をきっかけに再び大きく取り上げられた。

放送倫理検証委員会の決定は、「おわりに」として以下のように放送法を説明している。

総務大臣は、厳重注意の理由は「事実に基づかない報道や自らの番組基準に抵触する放送が行われ」たことであり、厳重注意の根拠は、放送法の「報道は事実をまげないですること。」（第四条第一項三号）と「放送事業者は、放送番組の種別及び放送の対象とする者に応じて放送番組の編集の基準を定め、これに従つて放送番組の編集をしなければならない。」（第五条第一項）との規定だとする。

しかし、これらの条項は、放送事業者が自らを律するための「倫理規範」であり、総務大臣が個々の放送番組の内容に介入する根拠ではない。

放送による表現の自由は憲法第二十一条によって保障され、放送法は、さらに「放送の不偏不党、真実及び自律を保障することによつて、放送による表現の自由を確保すること。」（第一条二号）という原則を定めている。

しばしば誤解されるところであるが、ここに言う「放送の不偏不党」「真実」や「自律」は、放送事業者や番組制作者に課せられた「義務」ではない。これらの原則を守るよう求められているのは、政府などの公権力である。(39)

そして、「放送法第四条第一項各号も、政府が放送内容について干渉する根拠となる法規範ではなく、あくまで放送事業者が自律的に番組内容を編集する際のあるべき基準、すなわち「倫理規範」なのである。（略）放送事業者自らが、放送内容の誤りを発見して、自主的にその原因を調査し、再発防止策を検討して、問題を是正しようとしているにもかかわらず、その自律的な行動の過程に行政指導という手段により政府が介入することは、放送法が保障する「自律」を侵害する行為そのものとも言えよう」と行政指導を厳しく批判している。

法学者の多くは、これまでも番組に対する行政指導は許されないとしてきた。放送に携わる人たちに向けて自律を担保するための機関であるＢＰＯが、これほど明確に放送法の趣旨をもとに行政指導の意味を説明し、批判したことはない。逆にいえば、放送局の経営層をはじめ放送に携わる人たちが放送の自由が何によって担保されているのかについて無知無頓着ではないかとＢＰＯ委員たちは危機感を抱いたのだろう。

放送倫理検証委員会決定への反応

この放送倫理検証委員会の決定のあと、放送法をめぐる議論が高まった。直後の二〇一五年十一月十日の衆議院予算委員会では、番組準則が倫理規定かどうかについて安倍総理は全面的に批判した。

これ〔放送法第四条：引用者注〕は単なる倫理規定ではなくて法規であって、その法規に違反をしているのであるから、これは担当の官庁としては法にのっとって対応するのは当然のことであろうと思うわけでありまして、（略）まさに法的に責任を持つ総務省が対応するのは当然のことであろう、こう思うところでございます。(40)

高市総務大臣も同じ委員会で同様の見解を示している。

放送事業者が仮に放送法に違反した場合、総務大臣は放送法第百七十四条に基づき三カ月以内の業務停止命令、さらに電波法第七十六条に基づき三カ月以内の無線局の運用停止命令を行うことができる旨定められていますから、これは放送法の規定というのが法規範性を有することによるものだと思っております。

さらに政府は、二〇一六年二月十二日、番組準則の政治的公平について統一見解を出し、放送番組全体を見て判断するとした従来の解釈の変更はないとしたものの、「一つ一つの番組を見て、全体を判断することは当然のことである」と、これまでよりも踏み込んだ内容にしている。

高市総務大臣はこれについて、同年二月十五日衆議院予算委員会で次のように説明している。

統一見解で出させていただきましたが、放送法第四条の政治的に公平であるということにつきましては、従来から、番組全体を判断するとしてきたことで、この従来からの解釈については何ら変更ございません。

番組全体を見て判断するとしましても、やはり番組全体は一つ一つの番組の集合体でございますので、一つ一つの番組を見なければ、また全体の判断もできません。(41)

「一つ一つの番組を見なければ、全体の判断もできません」というのは当然のことだが、従来は一つの番組で判断するのではなく、全体で判断するという説明だった。そうでなければ一つの番組のなかで相反する意見は必ず紹介しなければならず、番組は何を伝えようとしているのかわからなくなる。さまざまな番組全体を通してバランスをとるということである。ところがこの統一見解では一つの番組に重点が移行している。

さらに、高市大臣は放送について三月十七日の衆議院総務委員会で、以下のように述べている。

放送事業者は、新聞や出版などの紙のメディアと異なって、放送法第四条に定める番組準則を遵守するということが求められております。

（略）

放送は、不特定多数に対し同時に同じ情報を安価に提供可能であり、かつ御家庭において容易に受信が可能であるという物理的特性から、大きな社会的影響力を有しているとともに、特に無線の放送は、有限希少な国民的資源である電波の一定の帯域を排他的かつ独占的に占有しているということから、公平及び社会的影響力の観点から、公共の福祉に適合していることを確保するための規律を受けることとされています。これは放送法第一条にも書かれております。[42]

放送は限られた電波を独占し大きな影響力があるので、規律が必要という解釈である。

しかし、高市大臣の「放送法第一条にも書かれております」という「公共の福祉に適合していることを確保するための規律を受ける」という答弁は明らかに誤っている。第2章でみたように、またBPOの決定にあるように、放送法の目的は権力の介入を防ぐためにある。第一条の「次に掲げる原則に従つて、放送を公共の福祉に適合するように規律し」というのは、政府が不偏不党、真実と自律を保障するという原則をもとに、政府を規律する、政府の行動を規制するとしているのである。規律されるのは政府であって、放送局ではない。

ところが放送事業者の反応は、きわめて心もとないものだった。

放送局の反応

放送倫理検証委員会の行政指導を批判した決定について国会での議論が高まるなかで、NHKの籾井会長は二〇一六年二月二十四日の衆議院総務委員会で、「行政指導を受けたことがどうだこうだという以前に、我々はやはり放送を、NHKとしては、公平公正に、先ほど申しましたように、放送法にのっとってやるべきだというふうに思っております[43]」と述べている。「放送は放送法にのっとりやる」というのであれば、「放送倫理検証委員会の行政指導批判」の項で取り上げたBPOの放送倫理検証委員会の「NHKクローズアップ現代〝出家詐欺〟報道の意見書」の「おわりに」に述べてある見解と、それに真っ向から対立する総務省の見解のどちらの立場をとるのかを明確にしなければならないはずである。放送法上、所管官庁が番組編集に意見を述べる、つまり関与できるのか否かという問題について当事者としての意見を述べていない。これでは何をもって公平公正とするかがわからない。NHK予算の審議を控えているとはいえ、毅然とした態度をとっていない。

民放連の井上弘会長は定例会見で「放送法は放送事業者の自主・自律を旨とする法律であり、番組内容に関わる行政処分や行政指導は望ましくないという言い方を、常にしてきた[44]」「政権与党に限らず、政党が個別の事業者を呼び、番組に関することを聞くのもやめてほしい[45]」と述べている。またフジテレビ、テレビ朝日、テレビ東京、TBSの社長などいくつかの放送局の社長も定例会見で、「行政指導は好ましくない」と発言している。

しかし、これらの発言は説明が足りず、説得力にも欠ける。なぜなら、総務省が、『クローズアップ現代』の番組が放送法第四条の「報道は事実をまげないですること」に反しているとしているにもかかわらず、それがなぜおかしいのかふれていないからである。つまり、政府が番組の内容について「報道は事実をまげないですること」に反していると判断すること自体が、放送法の目的を侵すものだ、という大事な点を説明していないのである。これではいくら番組に関しての行政指導は望ましくないといっても、なぜ望ましくないのかわからない。自分たちの不始末を「外から注意されたくない」と、わがままを言っているだけだとしか受け取られないのではないだろうか。

注

（1）「一九七一年十二月一日衆議院逓信委員会議録」、「国会会議録検索システム」（http://kokkai.ndl.go.jp/SENTAKU/syugiin/067/0320/06712010320002.pdf）［二〇一九年六月十四日アクセス］

（2）「一九七二年六月八日参議院逓信委員会議録」、「国会会議録検索システム」（http://kokkai.ndl.go.jp/SENTAKU/sangiin/068/1320/06806081320020.pdf）［二〇一九年六月十四日アクセス］

（3）「一九七七年四月二十七日衆議院逓信委員会議録」、「国会会議録検索システム」（http://kokkai.ndl.go.jp/SENTAKU/syugiin/080/0320/08004270320013.pdf）［二〇一九年六月十四日アクセス］

（4）「一九六四年五月二十二日衆議員逓信委員会電波監理及び放送に関する小委員会議録」、「国会会議録検索システム」（http://kokkai.ndl.go.jp/SENTAKU/syugiin/046/0382/04605220382003.pdf）［二〇一九年六月十四日アクセス］

（5）「一九七一年二月十日衆議院逓信委員会放送に関する小委員会議録」、「国会会議録検索システム」（http://kokkai.ndl.go.jp/SENTAKU/syugiin/065/0322/06502100322001.pdf）〔二〇一九年六月十四日アクセス〕

（6）日本放送協会編『20世紀放送史』上、日本放送出版協会、二〇〇一年、五四六ページ

（7）「一九八五年二月八日衆議院予算委員会議録」、「国会会議録検索システム」（http://kokkai.ndl.go.jp/SENTAKU/syugiin/102/0380/10202080380007.pdf）〔二〇一九年六月十四日アクセス〕

（8）日本民間放送連盟編『民間放送50年史』、日本民間放送連盟、二〇〇一年、一八五ページ

（9）「一九八五年十二月四日衆議院逓信委員会議録」、「国会会議録検索システム」（http://kokkai.ndl.go.jp/SENTAKU/syugiin/103/0320/10312040320001.pdf）〔二〇一九年六月十四日アクセス〕

（10）「一九八五年十二月三日参議院逓信委員会議録」、「国会会議録検索システム」（http://kokkai.ndl.go.jp/SENTAKU/sangiin/103/1320/10312031320001.pdf）〔二〇一九年六月十四日アクセス〕

（11）前掲『民間放送50年史』一八六、一九一―一九二ページ

（12）「非自民政権誕生を意図し報道」「産経新聞」一九九三年十月十三日付

（13）日本弁護士連合会「テレビ朝日前報道局長の証人喚問に関する会長声明」（https://www.nichibenren.or.jp/activity/document/statement/year/1993/1993_13.html）〔二〇一九年六月十四日アクセス〕

（14）前掲『民間放送50年史』三二〇―三二四ページ

（15）「一九九三年十月二十五日衆議院政治改革に関する調査特別委員会議録」、「国会会議録検索システム」（http://kokkai.ndl.go.jp/SENTAKU/syugiin/128/0542/12810250542008.pdf）〔二〇一九年六月十四日アクセス〕

（16）「一九九三年十月二十七日衆議院逓信委員会議録」、「国会会議録検索システム」（http://kokkai.ndl.go.jp/SENTAKU/syugiin/128/0320/12810270320002.pdf）［二〇一九年六月十四日アクセス］

（17）同会議録

（18）「一九九四年三月二十四日衆議院逓信委員会議録」、「国会会議録検索システム」（http://kokkai.ndl.go.jp/SENTAKU/syugiin/129/0320/12903240320001.pdf）［二〇一九年六月十四日アクセス］

（19）「一九九四年十一月十五日参議院逓信委員会議録」、「国会会議録検索システム」（http://kokkai.ndl.go.jp/SENTAKU/sangiin/131/1320/13111151320002.pdf）［二〇一九年六月十四日アクセス］

（20）「一九九六年三月十九日衆議院法務委員会議録」、「国会会議録検索システム」（http://kokkai.ndl.go.jp/SENTAKU/syugiin/136/0080/13603190080004.pdf）［二〇一九年六月十四日アクセス］

（21）「一九九六年五月二十二日衆議院逓信委員会議録」、「国会会議録検索システム」（http://kokkai.ndl.go.jp/SENTAKU/syugiin/136/0320/13605220320008.pdf）［二〇一九年六月十四日アクセス］

（22）「一九九六年四月二日参議院逓信委員会議録」、「国会会議録検索システム」（http://kokkai.ndl.go.jp/SENTAKU/sangiin/136/1320/13604021320006.pdf）［二〇一九年六月十四日アクセス］

（23）金澤薫『放送法逐条解説 改訂版』情報通信振興会、二〇一二年、五七ページ

（24）同書四四二ページ

（25）「一九九三年二月二十五日参議院逓信委員会議録」、「国会会議録検索システム」（http://kokkai.ndl.go.jp/SENTAKU/sangiin/126/1320/12602251320003.pdf）［二〇一九年六月十四日アクセス］

（26）「一九九三年三月二十九日参議院逓信委員会議録」、「国会会議録検索システム」（http://kokkai.ndl.go.jp/SENTAKU/sangiin/126/1320/12603291320006.pdf）［二〇一九年六月十四日アクセス］

（27）「二〇〇七年二月二十日衆議院総務委員会」、「国会会議録検索システム」（http://kokkai.ndl.go.jp/

SENTAKU/syugiin/166/0094/16602200094003.pdf）［二〇一九年六月十四日アクセス］

(28)　衆議院「第百六十六回国会閣法第九十四号 放送法等の一部を改正する法律案」（http://www.shugiin.go.jp/internet/itdb_gian.nsf/html/gian/honbun/houan/g16609094.htm）［二〇一九年六月十四日アクセス］

(29)　日本民間放送連盟「（報道発表）「放送法改正案に関する民放連会長コメント」」（https://j-ba.or.jp/category/topics/jba100639）［二〇一九年六月十四日アクセス］

(30)　「二〇〇七年六月二十日衆議院決算行政監視委員会議録」、「国会会議録検索システム」（http://kokkai.ndl.go.jp/SENTAKU/syugiin/166/0058/16606200058006.pdf）［二〇一九年六月十四日アクセス］

(31)　「二〇〇七年三月二十七日参議院総務委員会議録」、「国会会議録検索システム」（http://kokkai.ndl.go.jp/SENTAKU/sangiin/166/0002/16603270002006.pdf）［二〇一九年六月十四日アクセス］

(32)　日本弁護士連合会「放送法改正案に関する会長談話」（https://www.nichibenren.or.jp/activity/document/statement/year/2007/070328.html）［二〇一九年六月十四日アクセス］

(33)　総務省「「情報7days ニュースキャスター」における問題への対応について（厳重注意）」（http://www.soumu.go.jp/menu_news/s-news/02ryutsu09_000025.html）［二〇一九年六月十四日アクセス］

(34)　BPO放送倫理検証委員会「TBSテレビ『情報 7days ニュースキャスター「二重行政の現場」』について」（https://www.bpo.gr.jp/wordpress/wp-content/themes/codex/pdf/kensyo/determination/2009/tbs/1.pdf）［二〇一九年六月十四日アクセス］

(35)　民主党「民主党政策集 INDEX2009」（http://www1.dpj.or.jp/policy/manifesto/seisaku2009/img/INDEX2009.pdf）［二〇一九年六月十四日アクセス］

(36)　第百七十四回国会閣法第三十九号　放送法等の一部を改正する法律案

（37）日本弁護士連合会「放送法改正案に関する会長声明」（https://www.nichibenren.or.jp/activity/document/statement/year/2010/100517.html）〔二〇一九年六月十四日アクセス〕

（38）「二〇一〇年五月二十一日衆議院総務委員会議録」、「国会会議録検索システム」（http://kokkai.ndl.go.jp/SENTAKU/syugiin/174/0094/17405210094019.pdf）〔二〇一九年六月十四日アクセス〕

（39）放送倫理検証委員会「ＮＨＫ総合テレビ『クローズアップ現代』〝出家詐欺〟報道に関する意見」（https://www.bpo.gr.jp/wordpress/wp-content/themes/codex/pdf/kensyo/determination/2015/23/dec/0.pdf#page=27）〔二〇一九年六月十四日アクセス〕

（40）「二〇一五年十一月十日衆議院予算委員議録」、「国会会議録検索システム」（http://kokkai.ndl.go.jp/SENTAKU/syugiin/189/0018/18911100018022.pdf）〔二〇一九年六月十四日アクセス〕

（41）「二〇一六年二月十五日衆議院予算委員会議録」、「国会会議録検索システム」（http://kokkai.ndl.go.jp/SENTAKU/syugiin/190/0018/19002150018012.pdf）〔二〇一九年六月十四日アクセス〕

（42）前掲「二〇一六年三月十七日衆議院総務委員会議録」、「国会会議録検索システム」（http://kokkai.ndl.go.jp/SENTAKU/syugiin/190/0094/19003170094009.pdf）〔二〇一九年六月十四日アクセス〕

（43）「二〇一六年二月二十四日衆議院総務委員会議録」、「国会会議録検索システム」（http://kokkai.ndl.go.jp/SENTAKU/syugiin/190/0094/19002240094004.pdf）〔二〇一九年六月十四日アクセス〕

（44）日本民間放送連盟「二〇一六年三月十七日井上会長会見」（https://www.j-ba.or.jp/category/interview/jba101819）〔二〇一九年六月十四日アクセス〕

（45）日本民間放送連盟「二〇一五年十一月十九日井上会長会見」（https://www.j-ba.or.jp/category/interview/jba101627）〔二〇一九年六月十四日アクセス〕

第４章　放送局の自律機能

ここまで、行政指導によって政府の番組への規制が強まってきたことをみてきた。しかし、それをもたらしたのは放送法を理解していない放送局の「無知」であった。また、それと同時に、自律して番組向上を図らなかった「無策」も挙げられる。

放送局のなかには、番組のご意見番の役目をする放送番組審議会という外部の有識者で構成する機関がある（〔放送〕番組審議委員会という名称の放送事業者もある）。本章では、番組審議会がどう運営され、どんな問題があるかをみていく。

1　放送番組審議会

放送番組審議会とは

放送番組審議会は、放送法によって放送局に設置が義務づけられた機関で、委員は放送局が選んだ有識者で構成されている。審議は、ほぼ毎月一回、年に十回程度開催されている。通常は放送局が選んだ番組を見て委員が意見や感想を述べ合うことが多く、一年の放送番組を振り返っての意見交換をおこなうこともある。

放送番組審議会の目的と役割は、放送法第六条で「放送番組の適正を図るため」放送局が設けるとされ、二項に「審議機関は、放送事業者の諮問に応じ、放送番組の適正を図るため必要な事項を審議するほか、これに関し、放送事業者に対して意見を述べることができる」とあり、三項で放送局は、番組基準や放送番組の編集に関する基本計画を定めたり変更したりする場合に、放送番組審議会に諮問しなければならないと定めている。

放送番組審議会は放送法制定時にはなかった。しかし放送法施行後に放送は急速に発展し、前述したように、それに伴ってチャンバラのシーンやプロレスが子どもに悪い影響を与えるなどといったテレビに対する批判も生まれ、一九五〇年代の終わりには「一億総白痴化」という言葉が生まれている。

そうした批判を受けて、一九五九年三月、放送法第四条の番組準則に「善良な風俗を害しないこと」という条文が追加され、放送局が自主的に番組基準を設けることや、放送番組審議機関の設置を義務づけた改正案が成立した。

改正案の提出理由のなかで、放送番組審議会について以下のように述べている。

放送が言論機関たる特性にかんがみ、行政権による規制を避け、放送事業者の自律性を尊重する考えのもとに、次のような方法を採用いたしております。（略）放送事業者に放送番組審議機関の設置を義務づけ、放送事業者はこの番組審議機関に諮問してその番組編集の基準を作成し、その番組基準に従って放送番組の編集をしなければならないものとし、かつ放送事業者はその番組基準を定めた場合またはこれを変更した場合にはこれを公表しなければならないこととし、その順守を公衆の批判にまかせようとするものであります。またその番組審議機関には放送された放送番組の批判機関たる任務を持たせ、彼此相待って放送番組の向上適正をはかろうとするものであります。(1)

このように放送番組審議会は、「行政権による規制を避け、放送事業者の自律性を尊重する考えのもとに」放送局の自律を担保するために設けられ、あわせて視聴者の意見を放送局につなぐ「放送番組の批判機関」の役割を担う組織である。

実は、放送番組審議会の設置について放送界は積極的ではなかった。この改正がおこなわれる過程で民放連の深水六郎理事は、放送番組審議会の設置に反対はしないものの、民放連内に審議会があり、放送番組審議会の設置は法で定めるのではなく各社の自由に任せるのが適切であると、法定に消極的な意見を述べている。(2)

放送番組審議会批判

放送番組審議会の委員は、必ずしもその放送局の番組を多く見ているとはかぎらない。放送番組審議会では、その放送局が選んだ番組を見て意見や感想を述べるのが主である。その結果、視聴者から苦情が多く寄せられた番組ではなく、穏当なものになりがちである。このため放送番組審議会が設置されてからも、テレビ番組への低俗批判はたびたび起きた。それに合わせて、放送番組審議会が機能していないという批判も高まった。

一九九五年には郵政省放送行政局長の私的研究会「多チャンネル時代における視聴者と放送に関する懇談会」（以下、多チャ懇と略記）が設置され、一年余りの議論のあと、九六年十二月に報告書が出された。多チャ懇は、学識経験者や教育、人権に関する専門家に加え、NHKと民放連の会長が加わり、青少年保護や番組について苦情処理機関の設置などを検討した。報告書では苦情処理機関の設置について賛成・反対の両論が併記され、放送局は結局、視聴者の権利侵害の申し出を受け付けて審議する自主的な組織BRO（放送と人権等権利に関する委員会機構）を設立した。

また放送番組審議会については、多チャ懇の報告書のなかで以下のように記述されている。

番組審議機関が放送事業者内部に置かれ、審議が一般的には公開されていないことから、外部に対し不透明性があることが挙げられる。（略）番組審議機関の制度の趣旨が、視聴者の意見等を反映させ番組の適正向上を図ろうとするものであることからすれば、そうした審議が行われているかどうかを視聴者に明らかにすることが必要である。(3)

このように報告書は放送番組審議会が十分機能しておらず、視聴者にその活動内容を明らかにすることが機能の活性化につながるとしている。郵政省放送行政局長の私的研究会の報告書ではあるが、そこに提言された番組審議会の「公開性の向上」は、翌一九九七年、放送法改正案にまとめられ、放送局は放送番組審議会の「議事の概要」を公表することが定められた。

放送番組審議会の議事概要の公表が決まった一九九七年の法改正の際、四月十六日に衆議院の逓信委員会で民放連の酒井昭専務理事は、「視聴者の立場を考えるとやむを得ないというふうに考えますが、放送の健全な発達と表現の自由の確保という観点から考えますと、こうした活動はあくまでも放送事業者が自主的に行うのが基本であり、過度に法律で定めることは好ましいことではないので、今後省令で具体的な内容を定める際には、放送事業者の自主性が最大限尊重されるように希望したいというふうに考えております(4)」と述べている。

形だけの放送番組審議会議事概要

民間放送の放送番組審議会は設立当初は放送局の社員も委員になっていたが、一九八八年の法改正で、有識者を中心に外部の委員だけで構成されることになった。九七年の法改正で公表が義務づけられた放送番組審議会の「議事の概要」は、各社のウェブサイトに掲載されている。「議事の概要」のタイトルは議事録や議事概要などさまざまである。

TBSは二〇一六年十二月六日にBPOの放送倫理検証委員会から、実際は最後まで解答した出演者を途中で脱落したことにして放送したことで「放送倫理違反」という指摘を受けたが、TBSのウェブサイトにある一六年十二月の第六百回番組審議会の「議事の概要」は次のようになっている。

(1)報告事項
BPO放送倫理検証委員会が、二〇一六年六月十九日の「珍種目№1は誰だ!?ピラミッド・ダービー」の「双子見極めダービー」について、「放送倫理違反」という判断をした件を報告。TBSでは、このBPOの「意見」を厳しく受け止め、番組制作の体制の改善に努めていく、と述べた。(5)

この記述からは、放送番組審議会でこの決定について議論があったのか、単に会社側の報告だけで終わったのかもわからない。

また、(2)審議事項として「TBSの番組やテレビ界の現状に関して幅広く審議を行った」とある。そして「今年印象に残ったTBSの番組」と「今年のTBSや放送界全般に望むことや指摘したいこと」の二つのテーマに分けて、印象に残った番組については七つの意見や感想を、委員の主な発言として箇条書きにしている。この意見や感想は一つが三、四行ほどで、「ミステリーや事件物のドラマが盛んだが、芸術性やドキュメンタリー性の高いドラマでも視聴率の高い番組は可能なはず。もっと実験的野心作に挑戦してみてもよいのではないか」といったものである。しかし、箇条書きの体裁であり、その意見がどんな脈絡で出てきたのかわからず、審議会の様子は伝わってこない。

ウェブサイトに掲載されている議事の概要の分量は、ＮＨＫの中央放送番組審議会はＡ４判に印刷して十五から二十ページあり、審議の様子がわかる。しかし民放の東京や大阪のキー局と準キー局は、どれも四ページ程度の短いものである。いずれも、現在は発言者の氏名はない。ＮＨＫの中央放送番組審議会を除くと、課題の番組を見ての感想や意見だけで完結しているものが多い。

議事概要の公表に消極的だった民放連は、改正後は一転して「番審の活動を周知徹底するよう力を入れている」[6]としているが、概要はこの程度の内容でしかなく、活動の内容を「周知徹底する」といえるものではない。これでは視聴者と放送局をつなぐ役割と、放送の自主自律を支えていく役割がある放送番組審議会の意味さえ伝わらない。しかも、放送局の番組編集の自由の認識や資料の提出の考え方で、理解できないことがある。それは、所管官庁に放送番組審議会議事録を提出していることと、その議事録の情報公開請求には応じないように放送局が求めていることである。

2　放送番組審議会議事録の問題

放送法第百七十五条の「資料の提出」について、放送法施行令は第八条で大臣が放送局に求めることができる事項を定めている。このうち放送番組審議会に関しては、「審議機関の組織及び運営に関する事項、その議事の概要並びにその答申又は意見に対してとった措置に関する事項」となっている。

放送番組審議会に関する資料の提供について施行令が「議事録」ではなく「議事の概要」としている理由は、当時の国会の議事録や新聞をみるかぎり明らかではない。しかし、放送番組審議会は放送番組について議論する場であるため、詳細なやりとりは番組内容に関わる資料が含まれることがある。政府の番組への介入の道を開くという当時の国会論議や、施行令でNHKの業務の実施状況の資料の提出について、「放送番組の内容に関する事項を除く」とされていることをふまえれば、議事内容を詳細に記録する議事録ではなく「議事の概要」とし、どの程度の記載とするかの判断を放送事業者にゆだねているようにみえる。

ところが、所管官庁は実際には議事録の提出を求めているのである。

郵政省「通知」

二〇〇〇年三月二十一日に、当時の郵政省の金澤薫放送行政局長からNHK会長あてとその他の放送事業者に出された「通知」がある。[7] 通知は施行令や省令とは異なり法的効果はないものだが、[8] 所管官庁が関係者に出すものであって、受ける側はその内容に縛られがちである。

筆者の情報公開請求によって開示された「通知」は、表題が「放送法施行令（昭和二十五年政令第百六十三号）第五条に規定する資料の提出について（通知）」である。表題中の第五条は現在の施行令第八条である。以下、これを「通知」と記す。

「通知」には「別表により資料の提出を求めます」とあり、二部提出してくださいとなっている。別表には施行令に定められた提出資料と提出時期が記載されている。放送番組審議会に関する資料については「一か月ごと」の提出を求め、さらに「別紙様式2に記載したものを提出すること」という注記付きである。別紙様式1は放送番組審議会委員の名簿の記載書式を示すもので、別紙様式2は以下のとおりである。

別紙様式2

1　開催年月日

2　開催場所

3　委員出席

　　委員総数　　名

　出席委員数　　名

出席委員の氏名
欠席委員の氏名
放送事業者側出席者名
4 議　題
5 議事の概要
6 審議内容（各委員の発言及び放送事業者側の説明又は回答をできるだけ詳細に記載すること。）
7 審議機関の答申又は意見に対して採った措置及びその年月日（答申又は改善意見の内容及びその年月日を併せて記載すること。）
8 審議機関の答申又は意見の概要を公表した場合におけるその公表の内容、方法及び年月日
9 その他の参考事項⑨

総務省によればこの「通知」は、内容に変更があったときに出すものであり、この「通知」には「これに伴い郵放政第三十九号（平成九年一月八日）通知は廃止します」という記載があることから、その前に出された「通知」は一九九七年だったことがわかる。この「通知」よりも前に出されたものはすべて廃棄されたと総務省は言い、確認できなかった。

「通知」中、別紙様式が付く記載内容の指示をしているのは、放送番組審議会関係だけである。

この別紙様式2で注意すべきは、「5 議事の概要」に加え「6 審議内容」を求め、「各委員の発言及び放送事業者側の説明又は回答をできるだけ詳細に記載すること」を要請している点である。

放送法施行令では、放送番組審議会の議事について大臣が提出を求めることができるのは、「議事の概要」としている。ところが「通知」では、議事の概要に加え審議内容の項目を設け、発言内容や説明、回答を「できるだけ詳細に記載すること」としている。

放送番組審議会議事録の提出

この「通知」が求めているのは、詳細な審議内容を記載した放送番組審議会議事録である。総務省のウェブサイトでは、「添付書類等の様式及び記載方法」の「各種報告・届出関係様式」に「20-1」として「放送番組審議会議事録の提出について」がある。記載例として以下の内容が記されている。

> 放送番組審議会議事録の提出について
>
> 標記について、放送法施行令第七条第三号〔現第八条一項三号：引用者注〕の規定により、下記の書類を添えて提出します。
>
> 記
>
> 番組審議会議事録（第○回、平成○年○月○日開催）

【記載方法等】
（1）別紙の様式により、開催された都度作成してください。
（2）開催後速やかに、二部（添付書類を含む。）提出してください。[10]

「記載方法等」の別紙には、議事録に必要な事項として「5 議事の概要」「6 審議内容」が記され、「通知」と番号まで同じ項目が並んでいる。

一九七〇年の国会で、郵政省の藤木栄電波監理局長は「番組審議会の報告というものは、これは番組審議会が行なわれて、議事録ができますから、その議事録は私ども提出していただきまして拝見しております」[11]と議事録が提出されていると述べている。

筆者は知人を通じて東京のいくつかの放送局の放送番組審議会議事録をみた。表紙に第○回放送番組審議会議事録という表題が入った冊子で、「通知」の「議事の概要」はその社のウェブサイトに掲載されているものと同じだ。「審議内容」は発言者の氏名とともに発言が詳しく記され、一社は委員だけが匿名だった。しかし、いずれも放送番組審議会議事録には「通知」が求める項目はすべて記載されている。放送事業者が「通知」に従っていることがわかった。

施行令に反した「通知」

この「通知」では、「別紙様式2」で「5 議事の概要」とは別に「6 審議内容」の記載を求めている。そして注意事項として、「各委員の発言及び放送事業者側の説明又は回答をできるだけ詳細に記載すること」とあるのは先ほど述べたとおりである。

放送法施行令では、第八条の資料の提出で、放送番組審議会について大臣が提出を求めることができるのは「審議機関の組織及び運営に関する事項、その議事の概要並びにその答申又は意見に対して講じた措置に関する事項」としている。つまり、放送番組審議会の内容について提出を求めることができるのは「議事の概要」である。ところが「通知」では、「議事の概要」に加え「審議内容」の項目を設け、委員の発言内容や説明、回答を「できるだけ詳細に記載すること」としている。

施行令の「議事の概要」を提出するなら、どのような内容にするかは放送事業者の自由である。しかしこの「通知」では、「議事の概要」に加え、詳細な「審議内容」の記載を求めていて、明らかに施行令の規定を逸脱している。そのように求めるなら施行令の規定は「議事の概要」ではなく、「議事の詳細な内容」になっていなければならない。

「通知」はそれだけでなく、放送法と放送法施行令にそれぞれある放送番組審議会の「議事の概要」という用語に異なった意味をもたせている。

放送番組審議会の「議事の概要」は、施行令第八条のほかに、放送法第六条六項一号でも使われている。第六条六項一号は一九九七年の法改正で規定されたもので、放送番組審議会の活動の公表内容を定め、放送番組審議会の審議内容については、「諮問に応じてした答申又は放送事業者に対して述べた意見の内容その他審議機関の議事の概要」と、「議事の概要」の公表を求めている。そして放送法施行規則第四条三項には公表事項として、放送番組審議会の出席者の氏名、議題と審議の経過の概要、審議状況を示す主な事項と規定されている。

放送番組審議会に関する「議事の概要」という用語が、同じ法令の、放送法第六条六項一号と施行令第八条とで違う意味で運用されている。

「通知」は、第2章第2節「番組資料と放送局」でみた一九五九年の法改正の際の「報告」から「資料の提出」に修正された意味や、番組資料を大臣への提出の対象にしていない施行令の意味を事実上変更するものである。それは、国会の議決によって制定される法律や閣議の決定によって定められる政令を、所管官庁の局長名によって事実上変えるという重大な問題ももっている。それは、放送法第三条「放送番組編集の自由」の「放送番組は、法律に定める権限に基づく場合でなければ」という大原則を、所管官庁が運用によって実質的に犯すことになるからである。

「通知」の始まり

いつごろから、「通知」で示されたような「議事の概要」と「審議内容」が入った議事録が提出されているのだろうか。

全国で六つの公立図書館には、郷土資料として地元の放送局の放送番組審議会議事録の一部が保存されている。著作権上可能な範囲でそれらの複写を取り寄せたところ、放送番組審議会議事録は前記の「通知」の「別紙様式2」に沿ったものだった。

公立図書館にある議事録で最も古いものは、法改正があった一九五九年六月のラジオ東北放送、現在の秋田放送のもので、表紙には「第一回ラジオ東北株式会社放送番組審議会議事録」と開催日が記され、本文は「昭和三十四年六月十六日（火）午後三時」と開催日時に始まり、場所、議題、出席者と続く十一ページのものである。議題は委員長選任、放送番組審議、番組基準設置の件、その他と四件あげられている。議事の概要に相当するものはないが、審議内容が「議事」として記載され、社長のあいさつや委員長の選出、さらに放送番組の審議として自社制作番組の説明や比率の質問などが、発言者の氏名とともに「通知」のとおり詳細に記述してある。議事の概要にあたる「主な内容」は六三年七月の第四十二回に初めて登場している。

一九六二年六月の熊本放送のものは、表紙に「第三回熊本放送放送番組審議会議事録」と記され、日時、場所などに続き「今回の主な意見」として議事の概要を記し、「議事」として、「有明海を中心とする地域社会の発展に寄与する番組について」を議題に、どのような番組を放送しているかの説明や意見など、審議内容を詳細に記述していて、全体で十三ページある。六六年のものも同じ構成である。

日本海テレビ放送の一九六四年七月の議事録は、「議事の概要」と「審議内容」を記載しているが、このときは八人の委員と七人の社外モニターとの懇談会で、発言者は委員長や会社側の説明者を除いて匿名だった。

北海道放送の一九六九年二月と七〇年四月の議事録は「議事の大要」と「議事詳細」があり、「議事詳細」には審議の内容が具体的に記されている。

沖縄テレビ放送は一九七六年七月のもので、「議事の概要」のあと「審議内容」の表題で発言者の氏名とともに発言内容を記載している。

山陰中央テレビ放送は一九九六年四月のもので、「議事概要」と「審議の内容」の見出しで審議を詳細に記載している。

このように、「通知」が示した「審議の概要」と「審議内容」に相当するものを議事録に記載していたのは、秋田放送は一九六三年、熊本放送はそれ以前の六二年に記載し、日本海テレビ放送は六四年の議事録に記載していた。

「資料の提出」が定められた一九五九年当時の「通知」は確認できなかった。だが、図書館にある議事録をみるかぎり、六二年前後には「議事の概要」と「審議内容」に分けて記載することが徹底されていたと推察され、「通知」も遅くともそのころには「議事の概要」と「審議内容」に分けて記載する内容になっていたと考えられる。

一九五九年の放送法改正案で、「報告」から「資料の提出」に修正された経緯や、施行令に「議事の概要」と明記されていることをみれば、この「通知」は、放送番組審議会という放送局の自律を担保する重要な機関の詳細な審議内容の提出を求めるものであり、放送局にとっては見過ごすことができない内容である。しかし、『NHK年鑑』(日本放送協会編、日本放送出版協会)や『民間放送年報』(日本民間放送連盟編、コーケン出版)、『日本放送年鑑』(日本民間放送連盟編、洋文社)をはじめ新聞や雑誌などの文献を国立国会図書館で調べたが、「通知」の存在や内容などについて問題を指摘したものを見つけることはできなかった。このことは、放送局が「通知」の意味合いを重視することなく、表立って問題にしてこなかったということを表している。

番組編集の自由の視点からは、番組内容に関する内部の議論を郵政省に提供することが何をもたらすのかは容易に想像がつくことである。

「通知」の説明と対応

郵政省や総務省は、「通知」によって議事概要に加えて詳細な審議内容を求めていることを公の場では説明していない。先に記した一九七〇年の国会で、放送番組審議会議事録を提出してもらい郵政省が見ているという説明の際にも提出の根拠にふれていない。

放送局の経営陣や放送番組審議会関係者がどれだけこの「通知」を知っているのか、また放送番組審議会議事録を所管官庁に提出していることの意味を認識しているのかも疑問である。

一九九七年の法改正で、放送番組審議会の活動の活性化と周知を図るとして議事の概要の公表が規定された。この改正をめぐっては、放送番組審議会の委員からも、放送番組審議会を監督官庁が監視して放送番組審議会の怠慢や放送局の責任を追及する仕組みが導入されたというような、放送番組審議会が規制の道具とされるという危惧が示された[12]。

しかしこうした意見には、発言内容が記載された議事録が放送番組審議会設置直後から所管官庁に提出されていることについては言及したものがない。また、放送局の内部事情が総務省に筒抜けになってしまうために放送番組審議会の活用に消極的になっていると放送関係者の事情を紹介したものもあるが[13]、この発言をした関係者は、施行令では議事の概要と定められているのに、それを知らないで、議事録を所管官庁に提出するものとして話しているように思える。

放送法施行令は「議事の概要」の提出を求めているのであり、概要だけであれば「筒抜け」になることはないし、ならないようにすることもできる。放送番組審議会委員、また関係者の意見や話からは、放送の自由に対する思いは十分に伝わってくるが、議事録を提出する根拠への言及がなく、そもそも「通知」自体周知されているのか疑問に感じさせられる。

筆者は、放送番組審議会の委員が「通知」や総務省への議事録提出を知っているのか、東京のキー局と大阪の準キー局の何人かの放送番組審議会の委員に聞いた。「通知」は誰も知らなかった。委員就任に際して、議事録を総務省に提出することについて説明を受けたという人もわずかだった。

そもそも放送番組審議会の設置を法律で定めることに民放連は消極的だった。そのため、民放連が放送番組審議会を設置すれば個々の放送番組審議会は設けなくてもいいとするようにしてほしいと意見を述べていた(14)。それにもかかわらず放送局は、施行令を逸脱した「通知」に異議を唱えず議事録を提出している。放送番組審議会議事録は、番組内容に関する内部の議論を記述したものである。番組内容に関する情報を放送局は所管官庁に提出し、結果として放送事業者自身で「筒抜け」にしている。

これでは、一九五九年の法改正で規定された「資料の提出」について、当初案の「報告」に危惧したり、反対したりした意味がないといえる。

3　放送番組審議会議事録は非公開

放送番組審議会議事録の不開示答申

放送番組審議会の議事録に関して放送局の行為でもっと理解できないのは、所管官庁の郵政省や総務省に議事録を提出しながら、その議事録の情報公開には反対していることだ。

総務省に提出された放送番組審議会の議事録について、情報公開などの決定への不服を審査する国の情報公開・個人情報保護審査会（以下、審査会と略記）は、これまで二件の放送番組審議会の議事録の開示請求を審査しているが、いずれも総務省が不開示としたことは妥当だという答申を出している。

一件目の答申は、二〇〇八年一月に出された。対象の文書は、衆議院総務委員会理事懇談会の求めによって、放送事業者が同懇談会に提出するため総務省に出した文書である。そのなかに〇四年四月の放送番組審議会議事録が含まれていた。これは〇四年三月に山形テレビが放送した、自民党一党だけの『自民党山形県連特別番組　三宅久之のどうなる山形！～地方の時代の危機～』という番組をめぐるもので、のちに放送法第四条の番組準則の一つ、「政治的に公平であること」にふれるとして行政指導を受けている。

審査会はこの議事録について、「特定放送会社は自ら番組審議会を設置し、その意見を踏まえ、自らの取組により放送番組の適正を図るものと解され、その議事の詳細を公にすることは、番組審議会の円滑な運営に支障が生じ、放送番組の適正向上の機会の逸失となるおそれがあり、また、当該法人の番組編集の自由を害するおそれがあると認められる」[15]として、不開示は妥当という答申を出している。

そもそも「番組編集の自由を害するおそれがある」文書を国会に提出することは、第3章第1節

「郵政省の解釈変更」に記した、テレ朝報道局長の国会証人喚問の際、録音テープを国会に提出した事例と同じことである。だが、この放送番組審議会議事録の提出は、当時まったく問題になっていない。国会では番組の内容だけが問題にされた。

二件目は特定の事案とは無関係に、四つの放送局のある月の放送番組審議会議事録の開示を求めたものである。審査会は二〇一四年十月に答申を出し、「先例答申と結論を異にする事情も認められない」とし、「放送事業者の番組編集の自由を害するおそれがあると認められ[16]」と、放送番組審議会議事録の不開示は妥当という結論を出している。

不開示を求める総務省

総務省は不開示の理由として、「放送事業者の番組編集の自由を害するおそれがある」と審査会で述べた。しかし、審査会に説明した内容のうち事実と異なっている点がある。

二回目の答申の「第五　審査会の判断の理由　二　不開示情報該当性について」のなかで、審査会は「当審査会事務局職員をして諮問庁に確認させたところ、本件対象文書〔放送番組審議会議事録：引用者注〕は、放送番組審議機関の議事概要の提出に併せて、放送事業者から任意で提出される場合があり、それを参考として保管しているものであり、また、それに当たって、公にしない条件は付されていないとのことである」と説明している。

総務省は「放送事業者から任意で提出される場合」があると、まるで放送局が、「議事の概要」とは別に、議事録を自ら参考資料として提出することがあるかのように説明している。しかし「通知」の「別紙様式２」では、「議事の概要」とは別に「審議内容」の記載を求めているのだから、明らかに事実と異なる説明である。加えて、「それを参考として保管している」という説明は、求めていないものを放送局が送ってきたので保管しているだけと、誤解させる説明である。

この二つの情報公開請求の不服申し立てでは「通知」についてはふれていないし、また総務省は「通知」があることを明らかにせず虚偽の説明をしているわけで、答申は不十分なものである。

不開示を求める放送局

二回目の答申では、総務省は放送事業者の意見として、「本件対象文書のうち「審議概要以外の部分」については、公表した場合、率直な意見の交換が損なわれ、ひいては放送番組の適正向上の機会を逸失し、番組編集の自由を害するおそれがあること等から、不開示が相当であるとの意見書が提出された」と述べている。放送局が放送番組審議会議事録の開示に反対しているというのである。

この意見をみるかぎり、放送局にとって放送番組審議会は、番組内容について議論する場であり、その内容は番組編集に関わるという考えがみられる。ところが、その放送番組審議会議事録を所管官庁に提出している。放送法第百七十五条の「資料の提出」は、先にみたように番組資料を提出の対象にしていない。放送局は、放送番組審議会議事録には番組資料にあたるものが含まれるとしながら、その議事録を所管官庁に提出することを問題にしていない。「資料の提出」の規定から逸脱しているという認識をまったくうかがうことができないのである。

自律の姿がみえない

一九九七年の、放送番組審議会の議事の概要を一般に公表することを定めた放送法改正時には、多くの放送局が、「自由闊達な議論を妨げる可能性があり」「過度に法律で定めることは好ましいことではない」と懸念を示している。しかし、放送番組審議会議事録を所管官庁に提出していることは棚上げにしている。自律のための内部の議論を、法的根拠も考えずに総務省に提出している。

総務省にすれば、放送関係の審議会のメンバーを選ぶにあたり、議事録をみればどんな人が総務省に都合がいいかもわかる。

さらに、放送番組審議会議事録の公開は「率直な意見の交換が損なわれる」という主張は、各種の会合や会議で、取材のため公開を求める放送局の基本的姿勢とも整合性がとれない。行政機関は、審議会などを報道機関には公開し、議事概要や議事録は発言者の氏名を入れて公表している。

放送局は所管官庁に提出していながら、情報公開の開示請求には、「番組編集の自由を害するおそれがある」といって反対している。規制との関係で最も神経をとがらせるべき所管官庁について、番組編集の自由を害するおそれがないとし、放送法が守ろうとした政府の干渉を許さないという原則が、すっかり抜け落ちている。

情報公開による放送番組審議会議事録の開示請求に反対する放送局の理由をみるかぎり、番組編集の自由をどこから守ろうとしているのかまったくわからないうえ、自律の考えもみえない。

二件目の答申は、二〇一四年というつい最近のことである。

放送局とともに自律的に放送の自由を構築するはずの視聴者は排除され、所管官庁と放送局が「番組編集の自由を害するおそれがある」文書を共有しているという、憲法や放送法の理念からはおよそ考えられないことが起きている。

注

（１）「一九五八年十月八日衆議院逓信委員会議録」、「国会会議録検索システム」（http://kokkai.ndl.go.jp/SENTAKU/syugiin/030/0368/03010080368001.pdf）［二〇一九年六月十四日アクセス］

（２）「一九五八年十月二十二日衆議院逓信委員会議録」、「国会会議録検索システム」（http://kokkai.ndl.go.jp/SENTAKU/syugiin/030/0368/03010220368004.pdf）［二〇一九年六月十四日アクセス］

（３）総務省「「多チャンネル時代における視聴者と放送に関する懇談会」報告書」（http://warp.ndl.go.jp/info:ndljp/pid/283520/www.soumu.go.jp/joho_tsusin/pressrelease/japanese/housou/1209j701.html）［二〇一九年六月十四日アクセス］

（４）「一九九七年四月十六日衆議院逓信委員会議録」、「国会会議録検索システム」（http://kokkai.ndl.go.jp/SENTAKU/syugiin/140/0320/14004160320006.pdf）［二〇一九年六月十四日アクセス］

（５）ＴＢＳテレビ「番組審議会議録」（http://www.tbs.co.jp/company/regulation/shingi/no600.html）［二〇一九年六月十四日アクセス］

（６）前掲『民間放送50年史』四〇一ページ

（７）筆者の情報公開請求によって開示された文書。

（8）原田尚彦『行政法要論 全訂第七版補訂二版』学陽書房、二〇一二年、一七五ページ、今村成和、畠山武道補訂『行政法入門 第九版』（有斐閣双書）、有斐閣、二〇一二年、八六―八七ページ

（9）（7）と同じ。

（10）総務省「添付書類等の様式及び記載方法」（http://www.soumu.go.jp/soutsu/hokkaido/F/img/02yoshiki.pdf）［二〇一九年六月十四日アクセス］

（11）「一九七〇年十一月十一日参議院逓信委員会議録」、「国会会議録検索システム」（http://kokkai.ndl.go.jp/SENTAKU/sangiin/063/1320/06311111320004.pdf）［二〇一九年六年十四日アクセス］

（12）前掲『民間放送50年史』四〇〇―四〇一ページ

（13）鈴木秀美「放送法における表現の自由と知る権利」、ドイツ憲法判例研究会編『憲法の規範力とメディア法』（「講座憲法の規範力」第四巻）所収、信山社、二〇一五年、二九三ページ

（14）前掲「一九五八年十月二十二日衆議院逓信委員会議録」

（15）「総務大臣二〇〇八年一月二十一日（行情）答申第三百六十九号」、「答申データベース検索」（https://koukai-hogo-db.soumu.go.jp/reportBody/3514）［二〇一九年六月十四日アクセス］

（16）「総務大臣二〇一四年十月十六日（行情）答申第二百六十三号」、「答申データベース」（https://koukai-hogo-db.soumu.go.jp/reportBody/9113）［二〇一九年六月十四日アクセス］

第5章　自律のためのＢＰＯ

1　外圧から生まれたＢＰＯ

「多チャ懇」とＢＲＯの設立

一九九〇年代に入って番組への行政指導がたびたび出され、テレビの番組や取材についての批判が高まっていた時期に、第４章第１節「放送番組審議会」で紹介した郵政省放送行政局長の私的研究会「多チャンネル時代における視聴者と放送に関する懇談会」が設置された。多チャ懇では、番組に対する苦情処理機関の設置も議論され、報告書では、「苦情対応機関を放送事業者の外部に設置する」という案とともに、放送事業者は「外部機関は不要」としているという両案が記載されている。(1)このなかで苦情対応機関については三つの案、公共的機関、局の自主的機関、法の規定をもとに局が設置する機関、を例示している。結局、放送界は、「局が自主的に設置する苦情処理機関」を選択した。

放送事業者はこの「懇談会」を当初から警戒し、報告書が出たあともＮＨＫと民放連は、視聴者や取材対象者、出演者の苦情については、各社が自主的に対応すべきものであるとして苦情処理機関の設置に反対していた。結局は政府の要望を受け入れ、翌一九九七年にＢＰＯの前身である自主的な苦情対応機関ＢＲＯ（放送と人権等権利に関する委員会機構）を設立した。ＢＲＯには、取材対象者や出演者らからの名誉毀損や人権侵害などの申し立てを審議するＢＲＣ（放送人権委員会）が設置された。ＢＲＣは放送局以外の有識者で構成している。

「取材の際に言われたことと違った内容が放送された」「あたかも事件に関与しているかのように報道された」という苦情は、どこの放送局も経験していることである。しかし、個人と放送局との力関係は歴然としていて、裁判を起こさないかぎり、多くの場合は個人が泣き寝入りということになった。

ＢＲＣは目的を「放送による人権侵害の被害を救済[2]」と明確にし、申し立てがあれば、団体以外であれば必ず委員会にかけることになった。これまで放送局に苦情を述べても事実上無視されることが多かったケースが、委員会では当該局に連絡して返答を求め、当事者同士での解決を仲介し、それでも解決がつかない事案は委員会で取り上げる仕組みができた。裁判を起こす資力や時間がない視聴者の迅速な救済を、金銭ではなく放送で図ることにし、視聴者の申し立てに基づき、放送界以外の有識者の委員が、申立人に関する取材や放送に問題がなかったどうかを審議する。本人の申し立てをもとに名誉毀損や人権侵害があったかどうか、また各放送局の番組基準に照らして放送倫理上の問題がなかったかを判断し、決定内容は当該放送局が放送することになっている。法的な権利侵害の有無だけでなく、放送倫理がベースになっているために放送局にとっては厳しいもので、それまでの苦情対応を見直すことが必要になった。これは本来の自律機能の一つを果たす契機になったといえる。ただし、ＢＲＣの設立は、放送界が率先して設けたものでなく、多チャ懇によって、やむなく設立しなければならなかったという面が強いことに留意しなければならない。

ＢＲＯとは別に、放送界が作る機関として一九六九年五月に設立された放送番組向上協議会があった。放送番組向上協議会も俗悪番組批判などから作られたものである。

しかし、一九九八年に栃木県で中学生がナイフで教師を刺し殺した事件をきっかけに、テレビ番組が青少年に与える影響の議論が再び高まり、政府の青少年関連の各種審議会が相次いで放送局に対応を求めた。また強い光がてんかん症状を引き起こした『ポケットモンスター』（テレビ東京、一九九七年―）の光点滅問題や、暴力シーンや性シーンを見えなくするＶチップ導入論議、神戸児童殺害事件や和歌山カレー事件でのメディアスクラムなどへの批判が高まった。

そして、郵政省・ＮＨＫ・民放連が共同で運営する「青少年と放送に関する専門家会合」が設置され、一九九九年六月に報告書が出された。(3) このなかで、第三者機関については「放送番組向上協議会に「青少年と放送委員会」（仮称）を新しく設置」することにした。

これに合わせて、民放連が青少年に見てもらいたい番組を週に三時間放送することを決め、十七時から二十一時までの時間帯の番組は、青少年とりわけ児童に十分配慮することになった。こうして二〇〇〇年六月、放送番組向上協議会に青少年委員会が設置された。

ＢＰＯ発足と放送倫理検証委員会の設立

二〇〇二年には、個人情報保護法案、人権擁護法案、青少年有害社会環境対策基本法案というメディア規制三法の国会提出が図られるなど、メディアを取り巻く政治的・社会的状況が厳しくなった。人権擁護法案は集団的過熱取材、つまりメディアスクラムによる犯罪被害者とその家族の過剰な取材や報道に、人権機関が救済を図ろうというもので、放送人権委員会と重なる部分があった。個人情報保護法案は適用除外として「報道機関が報道目的で収集した」となっていたため、適用除外が限定されていて、言論表現活動が制約されると放送や新聞、出版などは反発した。結局、放送目的や出版目的はすべて適用除外で落ち着いた。法の適用を受けると、ある個人の情報について入手目的や何に使ったかなどの開示請求に応じる義務が生じるからだ。こうして、メディア規制三法のうち個人情報保護法が成立した。

この状況のなかでＮＨＫと民放連は、放送番組向上協議会とＢＲＯを統合して新たな自主機関を設立することを決め、二〇〇三年七月、現在のＢＰＯが発足した。

二〇〇三年、放送番組向上協議会とＢＲＯ（放送と人権等権利に関する委員会機構）統合時のＢＰＯ（放送倫理・番組向上機構）は、三つの委員会で構成されていた。放送と人権に関する委員会（以下、放送人権委員会と略記）、放送と青少年に関する委員会（以下、青少年委員会と略記）、放送番組委員会である。

このうち青少年委員会と放送番組委員会は放送番組向上協議会から、放送人権委員会はＢＲＯから引き継いだものである。さらに、放送番組委員会は二〇〇七年に発展的に解消され、放送倫理検証委員会が生まれた。

現在のBPOの三つの委員会のうち、放送人権委員会は、放送によって名誉や人権が侵されたという申し立てを受けて被害の救済を図るもので、青少年委員会は青少年と放送の関係を審議する場である。放送倫理検証委員会は、視聴者の意見をもとに番組基準や、番組準則に沿って番組を審議する場である。特に放送倫理検証委員会は、番組がなぜその内容になったのか、取材制作の流れを当事者から聞き取り、放送倫理上の問題が生じた過程に焦点を当てていて、本来、放送局の経営陣が最も意識しなければならない点を浮かび上がらせている。

放送倫理検証委員会が設立されたきっかけは、二〇〇七年一月、関西テレビの『発掘！あるある大事典II』での実験データの捏造問題である。この問題を受けて総務省は、新たな行政処分、問題があると判断した番組を放送した局に再発防止計画の策定提出を命じる放送法改正の方針を示した。(4)これに対して、BPO、NHK、民放連は三月七日、虚偽の内容の放送によって著しい誤解を与えた場合に、取材制作のあり方を含む放送倫理上の問題を自主的自律的に解決し、再発を防止するため、BPOの機能を強化することで基本合意した。そして放送番組委員会を解消し、放送局以外の有識者が番組向上と放送倫理全般を議論する放送倫理検証委員会を設けることを決め、同委員会は二〇〇七年五月十二日に発足した。

二〇一九年四月末時点の決定など、審議結果は以下のとおりだ。

放送人権委員会は一九九八年以降六十五件の決定を出している。このうち四十七件は人権侵害から要望まで何らかの意見が付されている。問題なしとされたのは十二件、途中取り下げや和解は六件である。

青少年委員会は二〇〇〇年以降十三件の見解や要望を出している。放送倫理検証委員会は〇七年八月から二十八件の意見と四件の委員長談話や要望を出している。

これらの決定からみえるのは、同じようなことが何度も繰り返されているということである。

放送局の社員・職員の認識

各国の規制機関と違って、日本独自の業界の自主的第三者機関であるBPOは、どう評価されているのだろうか。

BPOが放送番組に関して意見を述べるベースは、一九九六年九月十九日にNHKと民放連で定めた放送倫理基本綱領である。それをもとに、放送法第四条の番組準則と第五条の各放送局が定めた番組基準を判断のもとにしている。欧米の独立行政機関の番組コードと異なり、罰則はなく、BPOから指摘を受けた放送局がその内容を放送することになっている。

BPOについて放送局の社員はどの程度知っているのだろうか。認知度調査はどの放送局もおこなったことはない。少なくとも公表されていない。放送局の幹部からは、「BPOや委員会の名前は知っていても、三つの委員会の違いを知っている人は少ないだろう」という声が聞かれた。

また、放送倫理に抵触するといった決定について、自局のものは、関係セクションにはかなり詳細に伝えられているものの、同じ放送系列のものも含めて他局が制作した番組への関心は必ずしも高くないようである。

それぞれの放送局では、決定を社内ＬＡＮや倫理・考査関係の会議で紹介したり、メールで概要を関係者に知らせたりしているところもあるが、自局の番組が対象になっていない場合は、他山の石というよりも対岸の火事とみているようだ。自局の場合を除き、決定の対象となった番組を見ることができないうえ、決定文が長いこともあって、「直接関係していないと決定文まで目を通すことは難しい」という声はよく聞かれる。

ＢＰＯの三つの委員会の委員からは、「何度も同じことが繰り返される」と嘆く声が聞かれる。ある放送局の番組について指摘したことがほかの放送局でも起きたり、ときには同じ放送局で同じようなことが起きたりするからである。さらに最近では、ＢＰＯは放送局が自分たちのために作った組織であること自体が理解されていないのではないかという不安まであるようだ。

二〇一八年三月に東京都で開かれた年次報告会では、ＢＰＯは総務省ではなく放送界が作った機関であることが強調された。これにはＢＰＯの決定が総務省の行政指導と同じようなものと受け止められていないだろうかという危惧が感じられた。

残念ながら、日本の放送界は自主的に内部規律機関を設けてきたわけではない。番組審議会をはじめとして、絶えず外圧、政治や所管の郵政省・総務省の圧力に押されて、ついたてのようにＢＲＯやＢＰＯを設けてきた。自主自律を本分とする放送の従事者であれば、なぜ番組審議会が設置され、それに加えてＢＰＯがあるのかは知っておかなければならないことである。

しかし、そうした認識は必ずしも十分ではない。そのことは、放送の自主自律とは何かを考えていないことに通じる。放送は、影響力が大きいために権力によって統制されるものではなく、自らの基準によって律していくという基本が、放送局の経営陣をはじめ社員・職員に理解されていないことを如実に表している。決定が出ると「重く受け止めます」という判で押したようなコメントを出して、また同じことが繰り返される。それが、年次報告会で委員長から示された危惧に強く現れていることを、放送局の経営陣をはじめ社員や職員は考える必要があると思う。

放送局の不満

そもそも放送倫理とは明確なものではなく、ＢＰＯの委員会では番組基準を基準としているところと番組基準よりも幅広いものととらえているところがあり、「放送倫理違反」という表現を使う委員会と、倫理に違反という言葉はそぐわないとして「放送倫理上問題」という表現を使う委員会がある。このように、ＢＰＯの委員会のなかでも放送倫理のとらえ方が違っていることが指摘される。

放送局の人たちのなかでは、「ＢＰＯは怖いところ」という見方が強い。特に放送人権委員会はそう受け止められているようだ。

ＢＰＯの委員会で最初にできた放送人権委員会は、放送によって権利を侵害された人の救済を目的としている(5)。権利を侵害されたという申立人と放送局が話し合うことを前提にし、両者の話し合いが相いれなくなった場合に事案として取り上げる。形式としては裁判と同じと考えればいいが、法違反よりもはるかにハードルが低い放送倫理が審理の基準になるため、放送局側には厳しいと受け止められることが多い。

さらに、もともと裁判を起こす資力や時間がない人を対象に早期の解決を図ることが目的だったが、決定をもとに放送局を相手に損害賠償の裁判を起こす例もあることから、放送局側は裁判が想定される場合は、放送人権委員会の審議の席では「手の内をさらしたくない」という気持ちもはたらくという。

放送人権委員会への申し立ては、「説明された取材目的と違う形態で使われた」「相手方の主張だけを聞いて一方的に放送された」「取材を断ったのに路上でカメラにつきまとわれた」とさまざまである。取材の申し込みを受けて協力したにもかかわらず結局使われず、しかも「使わなくなった」という連絡もないというのは、いまも時折みられることだ。そこにテレビのおごりがあるのだが、忙しさを理由におごりに気づかない放送人も少なくない。ＢＰＯ、特に放送人権委員会はそうした視聴者の苦情を受け付け、放送局に改善を求める機関である。

しかし一九九七年にＢＲＯ（ＢＰＯの前身）が設立されて二十年が過ぎ、放送局の現場にいる人たちのなかには、設立の経緯や目的を知らない人が増えているように思われる。「裁判のように控訴できないのはおかしい」「法的侵害がないと判断しながら、放送倫理を判断基準にして問題ありというのはおかしい」という、誤解に基づく批判もある。

その一方で、放送人権委員会は、裁判的に審議するために細かい表現を問題にすることがあり、放送局からは枝葉末節にこだわりすぎるという批判がある。放送局側としては、わかりやすくするために省略するのは避けて通れないが、その点を委員に理解してもらえないという不満がある。

「普通に見てどうかという視点で判断してほしい」というのが放送局の考えである。

しかし、デジタル化によって録画の編集が簡単になり、さまざまな形で切り取られ、強調されてネット上に一気に広がるという現状を考えれば、不本意な状態で放送された人の被害感情はきわめて高くなるということに放送局はもっと思いをいたす必要がある。

2　各国の放送規制

番組コード

各国では放送番組に関する規制をどのようにおこなっているのだろうか。

第2章第3節「異様な免許制度」で紹介したように、イギリスはOfcom、アメリカはFCC、フランスはCSA、ドイツはALMといった独立行政機関があり、免許の審査、番組ガイドラインの制定、罰金などの制裁を決める役割を担っている。

これらの機関は、わが国の放送法第四条の番組準則や第五条の各局が決めた番組基準に記されている内容のような番組コードを定め、放送番組が番組コードに抵触していないか視聴者からの苦情なども参考に審議し、免許の没収や罰金などの制裁を科す権限をもっている。番組コードは「下品」「正確な報道」など多岐にわたっている。

二〇〇四年二月、アメリカCBSの二十のテレビ局が、スーパーボウルの生中継の際にジャネット・ジャクソンが胸部を露出したハーフタイムショーを放送したことに対して、ＦＣＣは、放送した各局にそれぞれ二万七千五百ドル、合計五十五万ドル（約五千五百万円）の課徴金を科す決定をした（二〇〇六年二月決定）。

青少年保護については各国とも厳しく、暴力や性表現など青少年にふさわしくない番組については午前六時前後から午後十時前後の放送を禁じている。日本の民放連が自主的に定めている午後五時から九時というのは例外といっていい。

政治的公平については、アメリカでは「公正原則」、社会的論争には対立する見解を公正に提示することという規定が一九八七年に廃止された。

こうした各国の放送規制は、下品な番組、青少年保護という点ではその内容や罰金などの制裁が日本よりもはるかに厳しい。しかし、日本と決定的に違うのはこれらの規制をおこなうのは政府ではなく、政府から独立した機関だという点である。日本のように、本来は政府の関与を防ぐために制定された放送法と、放送の免許を規定した電波法を同じ政府機関が運用していること自体が、民主国家では考えられないことなのである。日本でも、放送法制定と同時に政府から独立して免許や放送を所管する電波監理委員会が設置されたのも、放送の自由を守る制度の政府からの独立という、各国と同じ考えに基づいていたのである。しかし、それが効率的な行政の名の下に廃止され、放送に関する二つの法を一人の大臣が所管することになり、放送番組の内容に関する「下品」「悪影響」といった批判に対応するよう求める声は政府に向かった。その結果、番組に関する行政指導が始まり、事実上行政処分に相当する再発防止計画の提出を郵政省や総務省が求めるようになった。

さらには新たな行政処分の規定を設けようとする動きになったのである。

放送番組の規制で最も大事なことは、「誰」が規制するのかである。それを政府としてしまうならば、放送を戦前・戦中に引き戻すことにほかならない。

しかし日本には番組批判の動きに合わせて、政府に規制機関を作るべきだという議論が根強くある。自民党の情報通信戦略調査会の会長・川崎二郎衆議院議員は、雑誌「放送界」の二〇一三年陽春号でインタビューに答え、「調査会の中では国による番組内容への規制権を持つべきだという意見も出ている」と語っている。(6) 川崎議員は「国が規制権を持つべき」という意見を紹介しているが、言うまでもなくそれは放送法の立法趣旨と異なるものだ。規制権限をもつ各国の機関は独立行政機関であり、政府の組織ではないことがきわめて重要である。

独立行政機関と自主機関

日本でも、電波監理委員会が廃止されたあと、何度か独立行政機関を作ろうという動きがあった。一九六四年、郵政大臣の諮問機関、臨時放送関係法制調査会は答申を出し、「放送行政に関する委員会」の設置を提言した。(7) この委員会は「放送行政の公正中立と一貫性を保つ」ことを目的に、免許など放送行政の議決機関とし、郵政大臣はその議決に基づくとしている。しかし、法制化には至らなかった。

日本で独立行政機関ができた場合の課題を考えてみる。

①独立性について

独立行政機関が時の政府から完全に自由であることはなかなか難しいが、委員の選任を国会同意とすることで形は作られる。しかし与野党の交代がまれな日本では、一定の政党寄りの委員が選任されがちである。さらに委員を常勤にできるかどうか、事務局スタッフをどの程度確保できるかが実質的な独立性を担保するうえで重要である。常勤制は、まだまだ終身雇用制度が根強いこの国ではなかなか難しく、事務局に官庁からの出向者や転籍者を入れないようにすることができるかという問題もある。

一方、自主的機関の場合は、政府からの独立は担保されるが、放送局寄りという批判は消えにくいだろう。

②番組基準について

各放送局が放送法第四条の大枠に基づいて作っていた番組基準に替えて独立行政機関が番組コードとして策定し、違反していないかどうかの判断を独立行政機関がおこなう。欧米に比べ時間制限が緩やかで視聴者から苦情が多い青少年保護、性、暴力、低俗の表現や放送時間についてはかなり厳しくなることが予想される。

③制裁について

どんな制裁を設けるかは規制機関設置の法律の内容いかんだが、各国の状況をふまえれば、「番組基準違反で罰金」という処分になり、これまでよりもはるかに重い制裁が放送局に科せられる可能性がある。当該放送局のイメージダウンはBPOの決定の比ではなく、社内的には取材制作者の責任が問われる結果、経営者と取材制作者ともに新たな表現、踏み込んだ表現に挑戦しようという意欲がそがれる可能性も出てくるだろう。

このように、形のうえでは独立行政機関のほうが自主的機関よりも厳しくなるが、どのような番組コードにするか、その運用の仕方によって違ってくるだろう。ただ、独立行政機関は、審議の公開性が求められ、訴訟リスクも負うことから、行政指導よりは一定の透明性を担保できる面がある。さらに、放送と電波を一人の大臣が所管するという異常な制度を変えることができる。政府にとっては、実態的な内容がみえない行政指導のほうが放送局をコントロールしやすい面があることから、こうした政府の影響を弱めるには一定の効果を上げられるのではないかと思う。

注

（1）前掲「「多チャンネル時代における視聴者と放送に関する懇談会」報告書」

（2）BPO放送倫理・番組向上機構「放送人権委員会（正式名称：放送と人権等権利に関する委員会）とは」（https://www.bpo.gr.jp/?page_id=950）［二〇一九年六月十四日アクセス］

（3）NHK「青少年と放送に関する専門家会合」（https://www.nhk.or.jp/pr/keiei/kaigou/matome/m-1.htm#topic4）［二〇一九年六月十四日アクセス］

（4）「発掘！あるある大事典」調査委員会「調査報告書」「発掘！あるある大事典」調査委員会、二〇〇七年三月二十三日（現在はリンク切れ）

（5）前掲「放送人権委員会（正式名称：放送と人権等権利に関する委員会）とは」

（6）川崎二郎「政権復帰・動き出す放送行政〝空白の十年間〟をどう埋めるのか？」「放送界」第五十八巻第二百三号、マスコミ研究会、二〇〇三年

（7）日本民間放送連盟「臨時放送関係法制調査会答申書」日本民間放送連盟、一九六四年九月

第6章　放送局を支える制作会社

1　関西テレビ『発掘!あるある大事典』報告書から

『発掘!あるある大事典II』の問題

二〇〇七年の関西テレビ『発掘!あるある大事典II』の納豆ダイエットや寒天など八回に上るデータ捏造問題は、新たな行政処分案やBPOの放送倫理検証委員会が発足するきっかけになった。関西テレビは外部の委員による調査委員会を設け、〇七年三月に『発掘!あるある大事典』調査報告書を公表した(1)。

調査報告書は、なぜこんなことが起きたのかを記している。以下にそれをまとめる。

前身の『発掘!あるある大事典』(以下、『あるあるI』と略記)は一九九六年にスタートした。関西テレビの編成・営業部門が主導して企画を受け入れ、当初から制作会社テレワークが企画に参画し、関西テレビの制作部が参加した時点では番組の企画方針が進んでいた。制作会社の下には実質的にリサーチや取材にあたる再委託会社がついていた。

『あるあるⅠ』は比較的高い視聴率をとっていたが、二〇〇三年ごろから視聴率が下がり始める。後続番組の『発掘！あるある大事典Ⅱ』では面白くわかりやすくが強調されるようになった。例えば、一回の番組で取り上げるテーマも一つから三つに増やされた。その結果、視聴率は『あるあるⅠ』を超える人気番組になっていった。一方、「呼吸法で痩せる」「足裏刺激で痩せる」というように、仮説にすぎないテーマを断定的表現で強調するようになった。

テーマは制作会社などが持ち寄ったアイデアをもとに、関西テレビのプロデューサーと制作会社のテレワークのプロデューサーがいくつかを選び、再委託会社に概括的なテーマ案を割り振る。再委託会社は二、三週間かけてリサーチし、テレワークに企画提案書を出す。テレワークで具体的テーマを決めると、再委託会社に伝えられ、それをもとに取材・実験ロケがおこなわれる。

大まかな編集が終わると、関西テレビやテレワークの総合演出ディレクター、構成作家などが入ってチェックするが、この段階ではわかりやすく面白くできているかが議論の対象である。内容に誤りがないかどうかはチェックしない。ＶＴＲを見ながらスタジオ収録がおこなわれ、関西テレビのプロデューサーらがスタジオ収録部分を入れて一本になったＶＴＲをチェックし、ナレーションや音をつけて関西テレビに納品され、関西テレビのプロデューサーの最終チェックを経て放送される。

番組が放映されていた期間中には、健康への関心の高まりを背景に、虚偽・誇大広告を禁止する二〇〇三年の健康増進法の改正、それに伴う〇四年の民放連の放送基準の改正がおこなわれた。また、『あるあるI』や『発掘！あるある大事典II』の正確性についてはインターネット上でたびたび批判があり、疑問視する出版物も出されていたが、放送局ではそうした批判をもとにした真偽の確認はおこなっていなかった。

一方、番組を制作していたテレワークは、別のテレビ東京の番組で花粉症の治療実験の期間を偽って放送したことが明らかになり、過密な制作スケジュールや専門家の助言不足、コミュニケーション不足、演出と捏造の認識不足が指摘されていた。これを受けて、テレワークは『発掘！あるある大事典II』についてスタッフのモラル向上の必要性と、取材方法やそのフォローの必要性とその具体策を示した。しかし結果的に、その具体策は形式だけのものだったり実行されなかったりしていた。高視聴率が続いたこともあって、従来と同じ考えのもとに制作は続けられた。

どんなことが起きたのか、報告書にある二〇〇七年一月放送の納豆ダイエットを例にみていこう。

納豆ダイエットの例

この番組は、納豆に含まれるイソフラボンがダイエット効果が高いDHEAホルモンを増やすというものだった。二週間の実験によって被験者全員の体重が減少し、基礎代謝が増え、皮下脂肪コレステロール値、中性脂肪値が減少して血管年齢も若くなった、とされた。

しかし、番組のVTRでアメリカの教授が「DHEAに減量効果がある」「イソフラボンがDHEAを増やす」と話している部分は、翻訳を捏造して日本語に吹き替えたものだった。教授は実際には、「ネズミにＤＨＥＡを与えた実験では体重は減ったが、人間の効果はわからない」「ＤＨＥＡを人が摂取することは勧められない」「イソフラボンがＤＨＥＡを増やすことはない」というまったく逆の説明をしていたのである。

納豆を食べたあとの八人のＤＨＥＡやイソフラボンの血液測定は、血液の採取をおこなっただけで測定をしておらず、数値を捏造したものだった。

「痩せる食材を探してほしい」という依頼に、納豆でヤセルを提案した再委託会社の担当者は、納納豆で痩せるかどうか専門家からの裏づけはまったくとれておらず、提案は雑多な学説や根拠がない交ぜにイメージされたものだった。収録日は決まっていて、一カ月ほどしかなかった。そこにイソフラボンがＤＨＥＡを増やすという情報が入り、ＤＨＥＡを軸に展開ができないかネットでの調査が始まった。その結果、アメリカでＤＨＥＡの効果実験があったことがわかり、ＤＨＥＡの研究者であるアメリカの教授に電話で番組の趣旨を説明して協力を依頼したが、教授は「納豆に含まれるイソフラボンでＤＨＥＡが作られるかもわからない」と説明し、協力を断った。

それにもかかわらず、再委託会社のディレクターや構成作家、コーディネータが入ったロケ台本についての会議ではその点は説明されず、教授が不明としたにもかかわらず、教授のセリフとして「ＤＨＥＡを増やすにはイソフラボンを増やすことだ」と書かれていた。さらに、担当のディレクターはイソフラボンでＤＨＥＡが増えるという研究はあるが、賛否両論があって定説はないことは聞いていた。

スタジオ収録が迫り、イソフラボンとＤＨＥＡについては否定的な情報しか集まらなかったが、相談を受けた再委託会社の上司のディレクターは、イソフラボンでＤＨＥＡが増えるという論文があり、ＤＨＥＡで痩せるという教授がいるということで企画を進めていった。そして、ネズミでＤＨＥＡの実験をしたアメリカの別の教授にインタビュー取材をおこなった。この教授は、事前取材に「ＤＨＥＡを食物からとれる可能性はゼロ」と説明し、インタビューでも「イソフラボンがＤＨＥＡを増やすことはない」と答えていた。

一方、二週間の大実験では、数値の測定をしていないにもかかわらず中性脂肪値やコレステロール値が減少したと放送した。さらに、一回に納豆二パック食べた人と朝晩二回に分けて二パック食べた人のイソフラボンを調べるシーンでは、二人の被験者に一パック食べさせただけで、採血も一回だけ。しかも検査にも出していなかった。ディレクターは、初期値だけ確認できれば別のデータをもとに類推すればいいと考えたという。また血中ＤＨＥＡ濃度を測るために、八人の被験者の採血シーンを撮影したが、分析に時間がかかって収録に間に合わないことがわかり、検査には出さなかった。再委託先での仮編集ＶＴＲのチェックではこうした捏造や改竄、出典を明示しない引用の報告はされなかった。

関西テレビの二人のプロデューサー、テレワークの三人のプロデューサー、総合演出ディレクター、再委託会社のプロデューサー、ディレクター、構成作家らによるチェックでも、担当したディレクター以外は誰も気づかず、関心はわかりやすさや面白さに向けられ、事実関係や正確さのチェックは落ちていた。スタジオ収録後には関西テレビのプロデューサーから「海外の番組コンクールに出したい」という発言もあった。

問題の本質

ここからみえてくるのは、企画決定のプロセスの問題だ。本来は頭で考えたテーマがあればまずリサーチし、番組化できるかどうかの検討があり、企画提案になる。ところがここでは、考えただけのテーマが企画提案され、その後、内容リサーチとなっている。こうした場合には都合のいいデータだけを集めることになりかねない。

週一回の放送があり、穴をあければ信用も収入もなくなる再委託会社としては、なんとしても作り上げなければならない。この流れでは放送倫理は生まれる余地はない。

事実をいくら集めても、都合がいい事実だけでは実像はみえない。多角的にみてはじめて実像が浮かぶのだが、そうした考えは最初からなかった。それどころか、結果に合わせて事実さえも曲げてしまうことが起きるのである。発見創造の喜びなど生じないルーティン作業になっている。

健康への関心の高さもあって、この番組が取り上げたものは放送翌日には多くの人たちが買い求めるほどの影響力があり、事実、この放送のあと納豆は異常に売れた。それほどの番組でありながら、実際の制作にあたった再委託会社はただ作るだけに追われる構造になっていた。

調査書の「第３『あるあるⅡ』における一連の事実に反する番組制作等の環境、番組制作構造上の原因・背景」には、現在の放送界の制作上の問題が十五ページにわたって詳細に記されている。要約すると次のように指摘している。

この番組は関西テレビが、出来た番組をそのまま納品する完全パッケージ方式で制作会社に発注し、制作会社が再委託先や要員の配置、予算の配分を決めていた。このため関西テレビのプロデューサーは放送責任を負う者として主体的に番組に関与する意識が希薄化していたことは否めない。

また制作会社はリサーチやＶＴＲの制作に九つの再委託先を使っていたが、制作会社と再委託先との契約にあたっては、関西テレビの承認を得ることとしか規定がなく、番組基準についての規定を入れるという条件は付いていなかった。

このため制作会社と再委託先との契約は、スケジュールどおりにＶＴＲを納品することに主眼が置かれていた。この点も実際の制作者に正確性の確保まで意識が及びにくくしていた。

制作費の削減

制作費の削減も大きい。番組単価が表に出たのは、ＮＨＫの予算書に載っている一部の番組を除けばおそらく初めてである。

一九九六年度当時、一本あたりの番組単価は三千三百万円、うち関西テレビのプロデューサー経費百万円、制作会社は三千二百万円となっている。

制作会社はＶＴＲ部分を千三百七十六万六千円で再委託している。その後何度か制作費は減額され、『発掘！あるある大事典Ⅱ』が始まった二〇〇四年度には、一本あたりの番組単価は三千二百十五万円と八十五万円削減されている。八十五万円のうち半分以上の四十七万円は関西テレビのプ

表1　番組制作費の内訳

	制作費	制作会社	再委託（VTR部分）
1996年度	3,300万円	3,200万円	1,376.6万円
2003年度	3,215万円	3,162万円	1,184.2万円
2004年度	3,215万円	3,162万円	902.3万円（V部分時間減少）
2006年度	3,205万円	3,162万円	887.8万円

ロデューサー経費の削減で、制作会社は三十八万円削減されている。

このしわ寄せを受けたのがVTR部分の再委託先である。このVTR制作会社は一九九六年度から二〇〇三年度までの間に、当初の千三百七十六万円の一三％以上にあたる百九十二万四千円が削減されている。『発掘！あるある大事典Ⅱ』が始まった二〇〇四年度にはVTR部分の時間が減ったこともあり、〇三年度よりも二四％削減されて九百二万三千円になって、制作会社への制作費は変わらないのに〇六年度には八百八十七万八千円にまで削減されている（表1）。

番組が長続きするにつれ、番組は面白さ、お得感、わかりやすさ、テンポ感を求めるものになり、VTRは作成により手間暇がかかるようになったから、再委託費の引き下げは下請けいじめに近いものと指摘されている。

さらにこの間、健康管理番組の増加と健康への関心の高まりもあって民放連は放送基準を改定し、「期待や不安をあおらないよう表現に注意する」という点を入れている。

関西テレビの担当プロデューサーは科学専門家を総監修者に依頼しようとしたが、予算の都合がつかずにできなかったことがうかがわれるとしている。こうした予算不足について報告書では、この番組が関西テレビの全国ネットの看板番組の一つで、スポンサーが一社で電通の買い切り番組だったために広告料の値上げを言い出しにくい状況もあったと指摘している。

制作体制の問題

関西テレビの担当プロデューサーはほかにも番組をもち、さらにＤＶＤ化や有料携帯サイトなどの業務も抱え、その負荷が著しく大きく、品質管理が行き届いた番組を作るには劣悪な環境下にあったとして、それも正確性のチェックが行き届かなかった要因の一つであるとしている。

そして報告書は、放送基準に健康情報の取り扱いに留意する旨を定めて、関西テレビ自身、番組基準を改定したにもかかわらず、現場でみるべき取り組みをしなかった経営陣は、その責任を自覚すべきである、と厳しく指摘している。

そのうえで報告書は、これらの点は「今の放送界全体に共通する問題点であろう」と注意を喚起している。そしてこうした問題の発生要因として、「一、当事者意識の欠如、二、事実・真実・知識への安易な取り組み、三、専門的知識の安易な利用、四、制作委託システムのゆがみ、五、中堅制作者の教育研修制度の不在」をあげている。

「一、当事者意識の欠如」については、「如何に見せるか」「日程は大丈夫か」などが議論され、肝心の素材の正確性への関心が少ないことをあげている。

「二、事実・真実・知識への安易な取り組み」については、専門的リサーチがネットや電話での問い合わせで終わってしまい不十分すぎるとしている。

「三、専門的知識の安易な利用」では、テーマに沿って都合がいいコメントや事実だけを集めていることを指摘している。

「四、制作委託システムのゆがみ」は、手間と時間がかかる現場仕事は下請けに安くやらせようという意識が強く、対等なパートナーとしての意識やそのための経済的基盤がないとしている。

「五、中堅制作者の教育研修制度の不在」では、プロとして育てる仕組みになっていないとしている。

経営陣の怠慢

報告書は取締役など経営陣の意識の薄さも指摘している。先に述べた健康増進法の改正に伴う民放連の放送基準の改定に合わせ、関西テレビも番組基準を改正した。その取締役会では何の議論もなく承認されている。視聴者からは『あるあるⅠ』のときから、番組内容の事実関係などについて疑問が寄せられていた。報告書は、この取締役会の姿勢を「放送基準に対する尊重の精神の希薄さの現れ」と厳しく批判している。

なぜなら番組基準は、その放送局が自律するための憲法だからである。それをないがしろにすると、放送法が定める放送の自由は根底から崩れる。

さらに報告書は、番組で伝える情報の正確性が確保できないリスクをもちながら、より面白く、わかりやすく、意外なお役立ち感を強調する番組として継続したと痛烈に批判し、健康情報番組を企画するには、少なくとも正確性を確保するガイドラインやチェックフローが必要だったとしている。

そして関西テレビと制作会社テレワークとの委託契約についても、正確性の担保などの具体的取り決めをすべきだったにもかかわらず何の措置もとらずに番組制作を続けたことは、番組基準を守るという点で怠りがあったとしている。報告書は、こうしたことは制作現場の担当者だけでなく、社長以下取締役、担当の局長が責任を自覚すべきだと経営陣の責任の重大性を指摘している。

報告書が問題点としてあげた五つの項目のうち、特に改善が必要なのは「四」と「五」である。「四」の制作構造では、「対等なパートナーとしての意識やそのための経済的基盤がない」ことを指摘している。これは、現在のテレビ番組が制作会社がなくては成り立たない現状なのだから必須のことである。そのことは、これまでもいろんな場面で言われ続けてきた。「最も手間も時間もかかる現場仕事を下請けに出し安いコストでやってしまおうという下心が見え透いている」とまで報告書は言っている。事実、そのとおりである。これではいくら主体性をもて、事実の裏づけをとれと言っても、モチベーションが高まらないのは明らかである。

さらに「五」の中堅制作者の教育研修制度の不在の問題では、プロを育てる仕組みになっていないことをあげている。かつては放送局の人間が番組を作り、その人が制作会社を設立して番組作りに携わってきた時代があったが、いまはそうした経験がない人たちが番組を作っている。しかも、最終チェックをする放送局の人間も、取材制作現場の経験年数が少ない。

早くに現場を離れるのは、放送に限らず新聞にもいえる日本独特の仕組みである。取材と制作の現場にいるのは二十年ほどで、あとは管理職として取材制作の指揮にあたるのが一般的である。記者についてみれば、五十歳を過ぎても取材現場を走り回って質問する記者の姿は日本ではほとんど見られない。多くの経験をもとに取材対象に向き合えるシステムになっていない。

　本書の冒頭でみたように、政府とりわけ官邸に情報が集中する仕組みができあがり、官邸は自分たちの都合がいい方向に誘導しようとしている。それは、その立場になればある意味で自然な流れである。そこに違った視点からただすことができるかどうかは、日頃の蓄積と経験がどれだけあるかであり、若い取材者はそうした姿を見て学ぶのである。しかし人事制度は往々にしてそうした職人を優遇する仕組みにはなっていない。管理職として違うセクションに配置し、現場に居続けるのは能力がない者という評価になりがちである。どの企業も最も頭を悩ませている適材適所、能力を最大限生かすという仕組み作りは、制作会社への委託の構造に甘えきった放送局が最も遅れているような気がする。

　放送局が抱える取材制作の問題は、この『発掘！あるある大事典』調査報告書にすべて表れている。しかし、問題は解決されることなく続いている。

2　BPO決定からみえる制作体制

　BPOの放送倫理検証委員会で問題ありとされる案件の多くは、『発掘！あるある大事典』調査報告書で指摘された番組制作の構造的な問題から発生している。

　放送倫理検証委員会の決定は、なぜそうしたことが起きたのかという過程をヒアリングをもとに追い、どこに問題があるかを記している。そこからは局と制作会社、制作会社と再委託会社、社員職員と派遣社員という構造的な問題が浮かび上がってくる。

現在、放送局の番組は制作会社に頼って作られている。制作会社がすべてを制作し放送局に納品する作品と、局のプロデューサーのもとで、制作会社から派遣されたディレクターやアシスタントディレクターがチームを組んで制作する作品とがある。

情報バラエティー二番組三事案に関する意見

放送倫理検証委員会の決定十二号「テレビ東京『月曜プレミア！主治医が見つかる診療所』毎日放送『イチハチ』情報バラエティー二番組三事案に関する意見(2)」（二〇一一年七月六日）は、制作体制の問題を指摘している。対象になった三つの事案は、商品の感想を述べた顧客が商品の販売会社の経営者だったり、有名ホテルの宣伝を担当している会社に所属する女性がゴージャスな買い物をするとして登場して、その有名ホテルの買収交渉をしているように見せかけたり、ある女性が海外に多くの不動産を所有しているという話を裏づけもなく映像で紹介したりしたものだ。決定は、「情報の正確さ、事実の公正性に対する、またそれを確認することの重要性に対する認識が極端に不足していた」とし、企画・制作進行を采配する制作幹部の人たちが、情報と冷静に向き合うことの必要性を述べている。

ここには、いまの放送界の構造的な問題が典型的に現れている。放送倫理検証委員会は、事実の確認が抜け落ちる要因を二つあげている。

一つは「制作体制がバラバラ」である。

放送局と制作会社が協働で作る情報バラエティー番組では、チーフプロデューサーもいくつかの番組を抱えて求心力を果たせないこと、「大丈夫だろうか」という疑問を共有する土壌がないままに制作が進んでいることをあげている。また、「現場の若いスタッフも仕事が細切れになり、制作プロセスも、全体も、番組の仕上がりのイメージも見えない、場当たり的なものであった」と指摘し、取材制作のスタッフがなぜそれが必要なのかわからないまま仕事をしている問題をあげている。これでは、相手が言っていることが事実であるかどうかの確認をするどころではない。取材台本にある相手に言ってほしいことを言ってもらえればそれでいいということになる。つまり、頭で考えたことを映像化しているだけである。チェックする人は映像自体を疑うことから始めなければならない。

ヒアリングでは、「取材相手の名刺を誰がもらったのか定かでない」「業務内容を事前に確認していない」「言われたことをやっただけで番組も見ていない」という実態も明らかになった、としている。また制作スタッフも、絶えず目新しいネタを探すことに追われているため、「ネタの裏どりやダブルチェックやクロスチェック等の、事実確認の手順を学び体得していくことは、極めて難しい」と、最も大事な事実確認をしていく環境が整っていないことをあげている。

二つ目として「『半タレント的パーソナリティー』を生む情報環境」をあげている。

スタッフやリサーチャーは、インターネットで検索して出演者にたどり着いているが、「企画会議では、ネット情報をそのままプリントアウトしたものが会議資料として使われることも少なくなかった」という事実をあげ、ネット情報の事実確認をするという基本的なことについて、「注意喚起や研修が具体的に行われた形跡はない」としている。さらに出演者との直接の話し合いが少ない一方で、普通の出演者がテレビで見るタレントや芸能人さながらにふるまい、求められる役回りに精いっぱい応えようとする「半タレント的パーソナリティー」が生まれている、としている。いわゆるウケ狙いのようなものだが、そこでは事実の確認は難しい。

「裏取り」、つまり話の内容が事実かどうか確認するのは取材のイロハであり、上司が確認する第一の点である。しかしテーマの主軸の話、例えば「海外に多くの不動産をもっている人がいる」については、まずそうした人を見つけることが大変な作業なのだが、見つかったとなると、「どうやって見つけたのか」「本当にその人はもっているのか」いう事実の確認作業はなくなってしまい、その人を前提に「どんな人がなぜ、どこに、どんな」というように番組の展開に話が移っていってしまうのである。そういう人を見つけたことが重要であるために、見つかったのだから本当だろうと全員が思い込んでしまうことはよくあることだ。

話をした人に「本当ですね？」と聞くだけで終わってしまい、その話の内容が事実なのか確認していない。話をした人の思い込みということはよくあることで、話の内容の事実確認をする「裏取り」は欠かせないということが、現場で取材している人たちに十分に浸透していない。

『珍種目No.1は誰だ!?ピラミッド・ダービー　双子見極めダービー』に関する意見

もう一つ放送倫理検証委員会の決定をみてみよう。これは双子が服を着替えたりして入れ替わったかどうかをその道の「達人」が見極めるもので、出演者の「達人」がレースの最後まで参加していながら番組を面白くしようと、出演者に無断でレースから脱落したことにして編集した。その姿を消すという、出演者に対する敬意や配慮を著しく欠いた編集をおこなったことを「放送倫理違反」と判断した。局制作の番組としながら、局の担当者は制作過程のほとんどを制作会社に任せていたもので、番組に対する責任の所在をあいまいにする危うさをはらむこともあわせて指摘した。

こうした放送倫理検証委員会の決定のメッセージは、取材制作の構造の問題を抜きにしては改善されないものであり、経営陣に向けられている。

しかし、経営陣が構造上発生するリスクに根本から向き合っているかといえば、決してそうではないといえる。なぜなら、放送倫理検証委員会が取り上げて、問題とした多くのことは、放送倫理検証委員会ができるきっかけになった関西テレビの『発掘！あるある大事典』の調査報告書にすべて指摘されているからである。いくら指摘されても、構造を変える取り組みは進んでいない。

ネット情報に頼る現場

放送倫理検証委員会は二〇一七年九月八日に「インターネット上の情報にたよった番組制作について」[3]と題した委員長談話を出している。

これはフジテレビの二つの番組でインターネット上の情報や画像をもとに、事実ではない発言を事実として取り上げたり、実在しない商品を紹介したりしたものである。

一つは、二〇一七年五月放送の情報バラエティー番組『ワイドナショー』（フジテレビ、二〇一三年―）で取り上げたアニメ映画監督の宮崎駿の「引退宣言」である。番組では、一九八六年公開の『天空の城ラピュタ』（スタジオジブリ）から二〇一三年の『風立ちぬ』（スタジオジブリ）まで七本の制作後の引退宣言を一覧にまとめ、引退表明と撤回を繰り返したことにコメンテーターが辛口のコメントをした。ところが、この「引退宣言」はネットで流布している嘘ネタで本人の発言ではない、という指摘がありフジテレビは訂正・謝罪した。

フジテレビの放送倫理検証委員会への報告書では、以下のようになっている。

この一覧はアシスタントディレクターが作成したもので、担当ディレクター、総合演出、チーフプロデューサー、コンプライアンスプロデューサー、出演者担当プロデューサーは、ネット情報だけで作ったことを認識していた。しかし、宮崎監督が過去何度か引退宣言をしていることは本人が認めていること、宮崎監督が新作アニメの制作を始めたというニュースの一部であることから多少違っていても大きな問題ではないと判断し、一覧が間違っていた場合に備えて「宮崎駿 引退宣言!?」とし、最終判断をコンプライアンスプロデューサーに任せた。コンプライアンスプロデューサーは、時間的に正確な情報を見つけることが難しく、「ネット情報だから」とこの一覧をカットして再作業をすると納品が遅れて放送に間に合わなくなるからそのまま放送することにした。ところが、「人生で最高に引退したい気分」「ここ数年で最高の辞めどき」などの一覧表の表示はある人がネット上で創作したもので、実際の発言とは無関係だったことがわかった。

フジテレビは「ネットの情報だけで放送することを禁止している」としているが、放送倫理検証委員会は、正しいことをより分ける能力を育成していくことや、疑問をもつ感性の育成が重要なのではないかとしている。

もう一つは、その一週間ほどあとの情報番組『ノンストップ！』（フジテレビ系、二〇一二年―）で、人気アイスのガリガリ君の季節限定商品として「火星ヤシ」味の商品画像を紹介したが、その商品は実在しないもので、ネット上で作られたものだった。担当者は、放送時間が迫っていたためか画像の真贋まで気が回らなかった。チェック担当者も使用許諾の確認はしていない。

フジテレビは、ネット情報の真実性が確認されているか、許諾があるのかどうかのチェックを徹底するルールを作ったとのことだが、放送倫理検証委員会はその実効性に疑問を呈し、まずおこなうべきことは、真実かどうか考える習慣を身につけること、疑問があるときは放送を控えるという声を上げる強さを身につけさせる研修や体制・環境を作る必要があるとしている。

変えられるか

これまでみたように、放送倫理検証委員会の決定に出ている制作上の問題は、すべて『発掘！あるある大事典』の調査報告書が指摘している。何度も繰り返すが、放送界は何も変わっていないということである。

番組内容への行政指導が始まったのは「やらせ」だった。その後の番組に関する行政指導は「やらせ」や「仕込み」あるいは過剰な演出が多い。一九八五年のときは放送局のディレクターだったが、その後は制作会社や派遣スタッフによるものが増えている。

再委託の場合は、委託元との契約で期日までに納品することが何よりも優先される。このため、内容の正確性は二の次になる要素を秘めている。期日に間に合わせるため「やらせ」や「仕込み」が生まれる土壌がある。BPOの指摘だけでなく、行政指導を受けた二〇〇五年三月のテレビ東京の事案、〇五年十月のフジテレビの事案、〇六年三月の日本テレビの事案、〇七年四月のTBSの事案、〇九年三月のテレビ朝日の事案、〇九年四月のテレビ愛知の事案などもそうである。

「やらせ」や「仕込み」の典型的な例が、街頭や利用客のインタビューである。街頭インタビューは拒否されたり、思うような反応がとれなかったりと意外に時間がかかる。そのためあらかじめ仕込んだうえで、あたかも街頭で撮ったかのように使うのである。「仕込み」や「やらせ」は、試写をしてもわからない。いくら局のプロデューサーがチェックしても映像だけではわからない。どこでどのように撮ったのかなど、はじめから疑いをもっていちいち聞いていかなければ、おかしいかどうかはわからない。現実問題としてそんなことはできない。プロデューサー自身がほかにも番組を抱えているために、編集した映像の真偽まで目を配ることはほとんど不可能といっていい。

また現場サイドでの対応のうち、基礎的な研修も、多くの場合オン・ザ・ジョブ・トレーニングでおこなわれている。ただ実地の研修といっても、番組や企画の全体像、意図がわからないままに細切れの一部分を割り当てられるのでは、研修をしてもその意味さえ伝わらない。

一方、放送局の現場からは、「作業が多いため分業制が強くなり、極端に言うと自分以外の部分は無関心」「テレビのことを何も知らない人が、いきなり取材制作現場に来る。その人に放送倫理を理解してもらうことは難しい」「研修をやろうとしても、制作会社の人間に参加を求めることは、業務外の拘束を招くのでやりにくい」という悲鳴にも諦めにも近い声が聞こえてくる。

放送倫理検証委員会の決定は、『発掘！あるある大事典』の調査報告書が指摘したのと同じ、取材制作体制に構造的な問題があると繰り返し述べている。しかし問題があった場合、放送局は、放送担当者を更迭したり、担当した制作会社を入れ替えたりするような処分ですませているとも聞く。行政指導やＢＰＯの指摘があっても、取材制作体制をふまえた実効ある再発防止策がとられているとはいえない。

経営層は、ＢＰＯの決定が、現場はもちろんのこと、まず自分たちに向けられていると受け止めるべきである。取材・制作の構造の見直しに手をつけないと、テレビで仕事をする喜びや楽しさはわからない。創造的な仕事も生まれない。これでは番組準則や番組基準をもとにした行政指導に反論することもできないまま、政府の関与と規制を強めるだけである。行政指導は「放送法に反する」「好ましくない」と言葉でいうだけでなく、放送局が自ら律する体制を作らなければ、視聴者の支持は得られない。

注

（1）前掲「調査報告書」

（2）放送倫理検証委員会「テレビ東京『月曜プレミア！主治医が見つかる診療所』毎日放送『イチハチ』情報バラエティー二番組三事案に関する意見」（https://www.bpo.gr.jp/wordpress/wp-content/themes/codex/pdf/kensyo/determination/2011/12/dec/0.pdf）［二〇一九年六月十四日アクセス］

（3）放送倫理検証委員会「インターネット上の情報にたよった番組制作について」(https://www.bpo.gr.jp/wordpress/wp-content/themes/codex/pdf/kensyo/determination/2017/danwa/dec/20170908_danwa.pdf)［二〇一九年六月十四日アクセス］

第7章　自由を守るために

特定秘密保護法や官邸への情報集中など、取材の難しさや情報コントロールが進んでいる。そうした厳しい状況のなかで、もう一度振り返ってみる必要があるのは取材源の秘匿と、放送素材映像の問題である。それをふまえたうえで、放送の自由を守るために何が必要かを考えてみよう。

1　取材源の秘匿

証言拒否

一九四九年に長野県松本税務署職員が収賄容疑で逮捕され、「朝日新聞」が翌日の朝刊でそれを報道した。記者に情報を漏洩させた（国家公務員法違反）者がいる可能性があるとして、記者が証人喚問された。裁判所で、記者は取材源の秘匿を理由として宣誓証言を拒んだため、証言拒否罪で起訴された。最高裁判所大法廷は五二年八月、「新聞記者は記事の取材源に関するという理由によっては刑訴法上証言拒絶権を有しない」(1)とした。いわば体を張って取材源を守ったわけである。

この姿勢は取材者の職業倫理とされ、民事裁判では一九七九年八月に札幌高裁が、「北海道新聞」記者の証言拒絶を認める決定をしている。この訴訟は、「北海道新聞」が札幌市内の保育園で保母によるせっかん事件があったと報道し、保母が事実無根だとして提訴したもので、審理のなかで記者の取材源を明らかにするよう求めていた。

さらに、アメリカ企業の日本法人が所得隠しをしたとする報道に絡み、NHK記者が民事裁判で取材源を明かさなかった問題で、最高裁判所第三小法廷は二〇〇六年十月三日、以下の決定をした。

当該報道が公共の利益に関するものであって、その取材の手段、方法が一般の刑罰法令に触れるとか、取材源となった者が取材源の秘密の開示を承諾しているなどの事情がなく、しかも、当該民事事件が社会的意義や影響のある重大な民事事件であるため、当該取材源の秘密の社会的価値を考慮してもなお公正な裁判を実現すべき必要性が高く、そのために当該証言を得ることが必要不可欠であるといった事情が認められない場合には、当該取材源の秘密は保護に値すると解すべきであり、証人は、原則として、当該取材源に係る証言を拒絶することができると解するのが相当である。(2)

このように刑事裁判の証言拒否は認められなかったが、民事裁判では原則として取材源の秘匿は認められた。ただし、第1章第1節「強まる官邸主導の情報発信」でみたように、取材源に対する締め付けは厳しくなっている。

取材テープの提出拒否

放送テープは番組資料そのものである。裁判所や捜査当局が提出を求めたとき、放送局はどうしたか。博多駅フィルム提出事件がそれである。これは一九六八年一月十六日早朝、アメリカ海軍の原子力空母エンタープライズの佐世保寄港阻止闘争に参加する途中、博多駅に下車した全学連学生に対して機動隊と鉄道公安職員が駅構内から排除するとともに、検問と所持品検査をおこなった。これについて、福岡県警本部長らが特別公務員暴行陵虐罪・職権濫用罪にあたる行為があったとして告発された。地検は不起訴処分としたが、付審判請求がおこなわれ、福岡地裁は地元福岡のテレビ局四社（ＮＨＫ福岡放送局、ＲＫＢ毎日放送、九州朝日放送、テレビ西日本）に事件当日のニュースフィルムの任意提出を求めた。しかし、各社が拒否したために、裁判所はフィルムの提出を命じた。

この命令に対して四社は最高裁に特別抗告をおこなったが、抗告棄却となった。この決定のなかで最高裁は以下のように述べている。

このような公正な刑事裁判の実現を保障するために、報道機関の取材活動によつて得られたものが、証拠として必要と認められるような場合には、取材の自由がある程度の制約を蒙ることとなつてもやむを得ないところというべきである。

しかしながら、このような場合においても、一面において、審判の対象とされている犯罪の性質、態様、軽重および取材したものの証拠としての価値、ひいては、公正な刑事裁判を実現するにあたつての必要性の有無を考慮するとともに、他面において、取材したものを証拠として提出させられることによつて報道機関の取材の自由が妨げられる程度およびこれが報道の自由に及ぼす影響の度合その他諸般の事情を比較衡量して決せられるべきであり、これを刑事裁判の証拠として使用することがやむを得ないと認められる場合においても、それによつて受ける報道機関の不利益が必要な限度をこえないように配慮されなければならない。(3)

最高裁の決定はフィルムの提出を認めたが、証拠としての必要性と取材の自由や報道の自由が妨げられる程度や影響を考慮して決めるべきもので、証拠として必要であっても報道機関の不利益が必要な限度を超えないよう配慮しなければならないと、くぎを刺している。

このときのフィルム提出に関する放送各社の考え方は、放送目的だけに使用するということを出発点に、別の目的に使用されると自由な取材が阻害される、というものである。これは放送人の職業倫理として定着している。

しかし、このときの放送局の姿勢と第3章第1節で述べた一九九三年のテレビ朝日報道局長国会証人喚問に絡んだ録音テープの国会への提出をみれば、その違いは明らかである。国会に提出を求められたのは、民放連の内部の会合の録音テープである。

民放連の内部会議の録音テープを、国会という政治の場に提出したことは、報道機関の集合組織としての責任を放棄したものともいえる愚かな行為だった。放送番組調査会という民放連内部の会議の発言内容が問題というのなら、まず放送番組調査会が、その発言の真意や事実を確認するのが本来のあり方であり、その結果をもとに民放連が中心となって、放送で明らかにすべきものである。それが自主自律というものだ。国会や社会の声高な批判と政治の圧力に屈したことの重みを、民放連は考えなければならない。

テレビ朝日報道局長の国会証人喚問は、司法の場での証言拒否に比べれば、立法府での喚問であり場面が違う。さらに他者のことではなく、編集方針に関する報道局長自らの発言内容が問われているため、本人が説明するのは当然という意見はあったとしても、証言が求められたのは編集方針に関することである。仮に一方に偏ったものだったとしても、政治的公平という番組準則は放送局が自ら律する倫理規定という認識があれば、大原則の放送法第三条「放送番組編集の自由」の規定をもとに、テレビ朝日は抗議するのが当然だった。

放送映像と素材映像

取材テープの提出問題は大きな曲がり角にきていると筆者は思っている。

スマートフォンの普及で、誰もが携帯で撮影している。ニュースの事件や事故直後の現場映像は、視聴者が撮影した映像が多い。放送局の映像は、火が消えたあとの現場の様子や事故で大破した車である。携帯と違っているのは、現場全体がわかる空撮映像ぐらいだ。

さらに、かつては録画機がなく、あっても普及や録画時間の問題があった。しかしいまは、二十四時間全局録画も容易にできるようになっている。さらに、放送コンテンツはドラマだけでなくニュースも、すべてではないが放送局のウェブサイトなどで公開されている。

博多駅事件のころは、映像は放送すれば消えてしまうものだった。そのため、放送目的だけに使用するものであるという理由には十分な説得力があった。しかし、いまはその説得力は薄れているのではないだろうか。

たまたま犯罪現場に遭遇し、あるいは映像の一部に犯罪行為が映り込んでいたときに、そのテープの提出を求められて拒否することは受け入れられるだろうか。お天気カメラや雑踏の様子はよく使われている。そこで通り魔的な事件が起きたときに周囲の人たちが気づいて携帯電話で撮影したとしても、それは事件直後のことである。お天気カメラにその前後が映っていることは十分に起こりうることである。フィルムからビデオになってさらにハイビジョンになり、いまや4Kカメラの時代である。被疑者が現行犯で逮捕されればまだしも、姿が不明瞭なままに逃走した場合、その映像は大きな意味をもつ。捜査当局からその映像の提供を求められたときにどうするのか。

これまで問題になったのは、ある取材目的をもって撮影された映像そのものが捜査の証拠として使われることだった。博多駅事件の衝突場面でも、目的は抗議と警備の取材だった。このため、取材対象との放送目的以外に使わないという信頼関係や取材源の秘匿につながるものが根底にあった。それが取材の自由、ひいては報道の自由の出発点だった。しかし偶発的なケースにはそれがない。博多駅事件の判例は「取材の自由や報道の自由が妨げられる程度や影響を考慮して」とあり、事例に沿った対応をしていかないと、守るべき映像素材も守れなくなってしまうと思う。それができていなければ報道は支持を得られず、「マスコミは身勝手」となってしまう。そうならないためには、法的な理論武装と価値判断の妥当性を絶えず意識することが求められる。

何でも「表現の自由」「取材の自由」ではすまされないことを心すべきである。

２　自律しよう

経営陣に求められるもの

放送局はＢＰＯという各局を横断する自律のための組織をもっている。この組織を最大限活用すべきである。そのためには、まず各放送局の経営層が、ＢＰＯの決定を徹底的に読み込む必要がある。そして、なぜそんなことが起きたのか、その原因を自社に当てはめて考えなければならない。

自ら問題が起きそうな体制を組みながら、問題が起きると頭を下げるだけというのでは、視聴者の信頼は得られない。「番組編集の自由を守る」という言葉は空疎なスローガンとしか受け取られない。これでは、「放送は限られた資源を独占的に使用し影響力が強いのだから、政府が放送内容を監督するのは当然の仕事」という説明が圧倒的な説得力をもってしまう。

このままでは近い将来、ＢＰＯは政府の規制機関に取って代わられることも考えられる。

もちろんヒト、モノ、カネがそろっていても、取材制作で誤りが生まれるのは避けられない。問題はそれを前提にリスクをどれだけ減らす体制をとっているかだ。どんな企業でもリスクマネジメントはおこなっている。ところが放送局は、ＢＰＯの指摘にあるように、何度も同じ誤りを繰り返している。これはひとえに経営陣の責任である。原因はすぐにわかるはずだ。制作時間、経費、３Ｋ職場といわれる取材制作現場。経営陣は、それを解決するには「資金が足りない」というだろう。しかし、カネはなくても存在感がある番組はできる。チームワークがしっかりした番組は画面からも意欲が伝わってくる。ＢＰＯの決定は、そうした仕事の環境づくりの必要を繰り返し指摘している。

それと同時に、政府の関与には毅然とした姿勢を示さなければならない。そのためには、まず放送法が何のためにあるのかを理解しなおさなければならない。

知ることから始まる

放送法は、第一条や第三条で放送事業者の自律による放送の表現の自由を保障し、法に定める権限によらない干渉や規律を排除している。これを条文どおり実施させられるかどうかは、当事者である放送局の対応にかかっている。本来ならば一九八五年のやらせリンチ事件で初めて番組内容について行政指導がおこなわれた際に、放送業界は声を上げなければならなかった。それまで郵政省は番組準則について、「政府、郵政省に違反かどうかを判断する権限はない」としていたからである。

声を上げるため放送局は、放送法による自らの権利と責務を認識しなければならない。それが、放送法第一条第三項の「放送に携わる者の職責を明らかにすることによつて、放送が健全な民主主義の発達に資するようにすること」という、放送に携わる者の職責である。

　しかし、放送の自由、番組編集の自由は敗戦によって与えられたものである。自ら勝ち取ったものではない。そのためか、放送法にのっとって権利を守り、自らの責任で自由を守っていくという意識は、放送局の経営陣に生まれにくかったと考えられる。

　個々の放送局は、免許制度の見えない影におびえているだけだと政治や政府の介入を押し返せない。放送法をもとに理論武装しなければ、番組編集の自由はどんどん狭められるだけである。それが、自由を勝ち取った者と与えられた者の違いである。

　二〇一五年十一月に出た、ＮＨＫの『クローズアップ現代』に対するＢＰＯの放送倫理検証委員会の決定では、「行政指導という手段により政府が介入することは、放送法が保障する「自律」を侵害する行為そのものとも言えよう」と総務省を批判するとともに、「放送に携わる者自身が干渉や圧力に対する毅然とした姿勢と矜持を堅持できなければ、放送の自由も自律も侵食され、やがてはいつか失われる」[4]（傍点は引用者）と、放送に携わる者に自覚を促している。

　この決定は、放送の自由は国家が保障するものであり、放送法はその考え方で制定されていると述べている。まさに放送法制定時の説明に沿ったものである。

　放送は影響力が大きいために、時の政府が関与すると大変なことになる。放送法は、新聞や出版とは違い、免許制度に縛られる放送を法律で守るために制定されたことを肝に銘じることから始めよう。

　いつの時代も、何が真実であるか見極めることは困難である。何が実像なのか突き詰めていくには、できるだけ多くの事実を積み上げていくしかない。

現在は、情報の統制の動きのなかで、できるだけ多くの面を示すことがこれまで以上に難しくなっている。将来に対する漠然とした不安と漂う閉塞感が、強いリーダーや、断定的な言葉を求めているようにみえる。そんな時代だからこそ、表面的な事実だけでなく、その事実が何に由来しているのかが重要であり、それを伝えるのが放送の職責である。

放送が何のためにあるのかを理解し、おかしいことには声を上げよう。遅すぎることはない。放送法はその職責を果たす武器になる。声を上げて闘うことで、自律は始まるのである。

注

(1) 最高裁一九五二年八月六日大法廷判決、昭和二十五(あ)二五〇五「刑事訴訟法第一六一条違反」(http://www.courts.go.jp/app/hanrei_jp/detail2?id=53388)[二〇一九年六月十四日アクセス]
(2) 最高裁二〇〇六年十月三日第三小法廷決定、平成十八(許)一九「証拠調べ共助事件における証人の証言拒絶についての決定に対する抗告棄却決定に対する許可抗告事件」(http://www.courts.go.jp/app/hanrei_jp/detail2?id=33607)[二〇一九年六月十四日アクセス]
(3) 最高裁一九六九年十一月二十六日大法廷決定、昭和四十四(し)六八「取材フイルム提出命令に対する抗告棄却決定に対する特別抗告」(http://www.courts.go.jp/app/hanrei_jp/detail2?id=50977)[二〇一九年六月十四日アクセス]
(4) 前掲「NHK総合テレビ『クローズアップ現代』〝出家詐欺〟報道に関する意見」

資料

1　行政指導一覧

	指導日	対象局	事案名・内容	指導形式	指導根拠
1	1985年11月1日	テレビ朝日	『アフタヌーンショー』担当ディレクターが少年少女に暴力行為をおこなうよう示唆し、これを収録し放送した。	郵政大臣厳重注意	第4条1項3号
2	1992年11月4日	朝日放送	『素敵にドキュメント』エキストラを女性会社員などと偽って演技させた。	郵政大臣厳重注意	第4条1項3号再発防止の取り組み状況を当分の間、四半期ごとに報告
3	1993年1月22日	読売テレビ	『どーなるスコープ』エキストラを看護婦と偽って演技させた。	郵政大臣厳重注意	第4条1項3号再発防止の取り組み状況を当分の間、四半期ごとに報告
4	1993年3月19日	NHK	ＮＨＫスペシャル『奥ヒマラヤ　禁断の王国・ムスタン』スタッフが高山病を装った、人為的に落石を起こした、道でない場所を撮影して流砂のため道がなくなった、とした。	郵政大臣厳重注意	第4条1項3号再発防止の取り組み状況を当分の間、四半期ごとに報告
5	1994年9月2日	テレビ朝日	『ザ・スクープ』中国人コーディネーター兼通訳を武装警官と偽って演技させた。	郵政大臣厳重注意	第4条1項3号再発防止の取り組みを当分の間、年度当初に報告

	指導日	対象局	事案名・内容	指導形式	指導根拠
6	1994年9月2日	テレビ朝日	「椿発言」 民放連の放送番組調査会で、椿報道局長が政治的公平性に違反した放送をおこなったと疑われる発言をした。	郵政大臣 厳重注意	放送法の目的 取り組み状況を、当分の間、年度当初に報告
7	1995年5月23日	読売テレビ	アニメ『シティハンター3』 サブリミナル効果を狙ったと疑われる画像が挿入されていた。	郵政省 放送行政局長 厳重注意	第5条1項
8	1995年7月21日	TBS	『報道特集』 サブリミナル効果を狙ったと疑われる画像が挿入されていた。	郵政省 放送行政局長 厳重注意	第5条1項
9	1996年5月17日	TBS	『オウム報道』 坂本弁護士のインタビューテープをオウム真理教幹部に見せたこと、公開捜査後そのことを通報しなかったこと、事実に反する社内調査結果を発表したこと。	郵政大臣 厳重注意	放送法の趣旨 再発防止措置を四半期ごとに報告
10	1998年4月6日	テレビ東京	アニメ『ポケットモンスター』 視聴していた児童を含め約700人が発作などの異常を来し、病院に搬送された。	郵政省 放送行政局長 厳重注意	放送法の目的
11	1999年6月21日	テレビ朝日	『ダイオキシン報道』 埼玉県所沢市のダイオキシン問題に関し不正確な表現の報道がおこなわれ、一部地域の農業生産者に迷惑をかけ、あるいは、視聴者に混乱を生じさせた。	郵政大臣 厳重注意	放送法の趣旨 第5条1項 第9条1項 放送法、番組基準の順守徹底の取り組み状況を当分の間、四半期ごとに報告

	指導日	対象局	事案名・内容	指導形式	指導根拠
12	2004年3月12日	日本テレビ	「サブリミナル的表現手法及び光感受性に関する映像手法の問題」番組基準に反し「アニメーション等の映像手法に関するガイドライン」に規定する限度を超えた光の点滅手法用いるなどした。	総務省情報通信政策局長厳重注意	第5条1項再発防止の措置状況を3カ月以内に報告
13	2004年6月22日	テレビ朝日	『ニュースステーション』衆院選投票日直前に「菅民主党の閣僚名簿発表」を取り上げ報道した。	総務省情報通信政策局長厳重注意	第4条1項2号
14	2004年6月22日	テレビ朝日	『ビートたけしのTVタックル』過去の国会で北朝鮮の拉致問題が取り上げられた模様を報道した際、藤井孝男衆議院議員の実際とは違う別の場面のやじの映像を編集し使用した。	総務省情報通信政策局長厳重注意	第4条1項3号
15	2004年6月22日	山形テレビ	いわゆる「政党広報番組」自民党一党だけの政党広報番組である『自民党山形県連特別番組 三宅久之のどうなる山形！〜地方の時代の危機〜』という番組を放送した。	総務省情報通信政策局長厳重注意	第4条1項2号
16	2005年3月23日	熊本県民テレビ	『テレビタミン445』インタビューに登場した女性に盗聴の被害者であるように偽って演技させた。	総務省九州総通局長厳重注意	第4条1項3号
17	2005年3月23日	テレビ東京	『教えて！ウルトラ実験隊』花粉症対策に有効とされる治療法を受けていない人に患者であると偽って演技させた。	総務省情報通信政策局長厳重注意	第4条1項3号

	指導日	対象局	事案名・内容	指導形式	指導根拠
18	2005年3月23日	日本テレビ	『カミングダウト』 青少年の健全育成上好ましくない題材（集団による窃盗という犯罪）を取り上げ放送。	総務省 情報通信 政策局長 厳重注意	第5条1項
19	2005年10月5日	フジテレビ	『めざましテレビ』 番組担当者が知人に依頼し真実でない内容を放送。	総務省 政策統括官 厳重注意	第4条1項3号
20	2006年3月23日	日本テレビ	『ニュースプラス1』 『きょうの出来事』 個人情報売買の場面に架空の顧客を登場させてそのまま放送。	総務省 政策統括官 厳重注意	第4条1項3号
21	2006年6月20日	TBS	『ぴーかんバディ！』 白インゲン豆を用いたダイエット法を実践した多くの視聴者が健康被害を訴えて入院。	総務大臣 警告	第5条1項
22	2006年6月20日	NHK・ テレビ東京 民放77社	「光点滅等の映像手法を使用した番組」 NHKと民放連が作成した「アニメーション等の映像手法に関するガイドライン」に定める数値などの基準を逸脱した映像を放送。	総務省 政策統括官 または 総通局長 厳重注意	第5条1項 再発防止策の措置状況を3カ月以内に報告
23	2006年7月4日	武蔵野三鷹 CATV	『わがまちジャーナル』 地元選出の土屋正忠衆議院議員を取り上げた番組を特集コーナーとして放送。	総務省 関東総通 局長 注意	第4条1項2号

	指導日	対象局	事案名・内容	指導形式	指導根拠
24	2006年7月11日	BS、CS26社	番組点滅(パカパカ)事案スポンサーから提供された通販番組用の放送素材のうちNHKと民放連が作成した「アニメーション等の映像手法に関するガイドライン」に抵触するおそれがある映像を放送。	総務省政策統括官注意	第5条1項再発防止策の措置状況を3カ月以内に報告
25	2006年8月11日	TBS	『イブニング・ファイブ』旧日本軍731部隊の映像を扱った特集のなかで、報道内容に関係がない人物の写真パネルを放送。	総務大臣厳重注意	第5条1項再発防止策を1カ月以内に報告実施状況3カ月以内に報告
26	2006年12月8日	毎日放送	『2006ミズノクラシック』録画映像の時間と生中継映像の時間が近接しているように番組を編集し、実際にはなかった順位表を放送。	総務省近畿総通局長厳重注意	第4条1項3号再発防止策を1カ月以内に報告
27	2007年2月16日	ジュピターサテライト・インタラクティーヴィ	『スメルキラー』通販番組で販売していた商品の広告表示が一般視聴者に錯覚を起こさせるような表現となっていたもの。	総務省情報通信政策局長注意	第5条1項再発防止策の措置状況を1カ月以内に報告
28	2007年3月30日	関西テレビ	『発掘！あるある大事典II』納豆ダイエットなど8番組で捏造の放送をおこなった。	総務大臣警告	第4条1項3号第5条1項再発防止の具体的措置を1カ月以内に報告3カ月以内に実施状況を報告

	指導日	対象局	事案名・内容	指導形式	指導根拠
29	2007年4月27日	TBS	『人間！これでいいのだ』ハイパーソニック音を聞くことで頭がよくなるという仮説を断定的な表現で放送。研究グループに無断で論文を引用。	総務省情報通信政策局長厳重注意	第5条1項
30	2007年4月27日	TBS	『サンデージャポン』柳沢伯夫厚生労働大臣の国会発言を不正確に編集して放送。また、「柳沢厚労相発言！街の人々の反応」として登場人物に収録時間や質問事項を事前に伝えてインタビューに応じさせていたもの。	総務省情報通信政策局長厳重注意	第4条1項3号
31	2007年4月27日	TBS	『みのもんたの朝ズバッ！』不二家が期限切れ原材料を使用していたことを報道する際に、賞味期限切れのチョコレートを再利用して販売したなどと事実に基づかない放送をおこなった。	総務省情報通信政策局長厳重注意	第5条1項
32	2007年4月27日	テレビ東京	『今年こそキレイになってやる！正月太り解消大作戦』不適切な演出。	総務省情報通信政策局長口頭注意	第5条1項
33	2007年4月27日	毎日放送	『たかじんONEMAN』女性タレントの元夫の名誉を棄損する内容を放送。	総務省近畿総通局長厳重注意	第4条1項3号 第5条1項
34	2007年4月27日	テレビ信州	『ゆうがたGET！』有毒の福寿草を天ぷらで食用できるように放送した。	総務省信越局放送部長口頭注意	第5条1項

	指導日	対象局	事案名・内容	指導形式	指導根拠
35	2009年3月31日	テレビ朝日	『情報整理バラエティウソバスター！』インターネット上で流れている情報として紹介された6つの情報が実際は番組制作スタッフが撮影用に制作したものだった。	総務省情報流通行政局長厳重注意	第5条1項
36	2009年4月22日	テレビ愛知	『松井誠と井田國彦の名古屋　見世舞』番組制作会社の女性スタッフ2人を通行人のように装わせて収録したインタビュー映像を放送した。	総務省東海総通局長厳重注意	第4条1項3号再発防止の取り組み内容を3カ月以内に報告
37	2009年6月5日	TBS	『情報7days ニュースキャスター』清掃車が普段ブラシを上げず清掃を中断しない交差点で、番組スタッフからの依頼によって番組のために清掃車がブラシを上げて清掃を中断した状態で通過するところの作業風景を撮影した映像をもって二重行政の象徴的な事例として紹介。	総務省情報流通行政局長厳重注意	第4条1項3号再発防止の取り組み内容を3カ月以内に報告
38	2015年4月28日	NHK	『クローズアップ現代』「追跡“出家詐欺”〜狙われる宗教法人〜」で事実に基づかない報道や自らの番組基準に抵触する放送をおこなった。	総務大臣厳重注意	第4条1項3号第5条1項

2　放送法改正の流れ

放送法関係	出来事
	1945年　敗戦
1950年　放送法・電波法・電波監理委員会設置法制定	
1952年　電波監理委員会設置法廃止	
	1953年　テレビ放送開始
	1957年　免許一本化調整 「一億総白痴」化
1959年　第4条1項1号　公安を害しないこと→公安及び善良な風俗を害しないこと。	1960年代　低俗批判と 放送番組向上委員会設置
新設　第5条　放送事業者は番組基準を定め、これに従い放送番組を編集する。	1970年代　深夜番組批判
新設　第6条　番組審議機関の設置	1985年　行政指導始まる 1993年　報道局長証人喚問
新設　第175条　資料の提出	1996年　多チャンネル時代における視聴者と放送に関する懇談会（多チャ懇）報告書
1997年　新設　第6条6項　番組審議機関の議事の概要の公表	1997年　BRO 設立 2000年　青少年委員会設立
	2003年　BPO 設立
2007年　新行政処分案提案	2007年　『あるある大事典』問題 放送倫理検証委員会発足
2010年　CATV を放送法に組み込む 新設　第174条　放送法に違反したときには業務の停止を命じることができる（従来の地上放送局を除く）。	
	2015年　『クローズアップ現代』問題と放送法第4条議論

3　放送法の関連条項

第一章　総則

第一条（目的）

この法律は、次に掲げる原則に従つて、放送を公共の福祉に適合するように規律し、その健全な発達を図ることを目的とする。

一　放送が国民に最大限に普及されて、その効用をもたらすことを保障すること。

二　放送の不偏不党、真実及び自律を保障することによつて、放送による表現の自由を確保すること。

三　放送に携わる者の職責を明らかにすることによつて、放送が健全な民主主義の発達に資するようにすること。

第二条（定義）（略）

第三条（放送番組編集の自由）

放送番組は、法律に定める権限に基づく場合でなければ、何人からも干渉され、又は規律されることがない。

第四条（国内放送等の放送番組の編集等）

放送事業者は、国内放送及び内外放送（以下「国内放送等」という。）の放送番組の編集に当たつては、次の各号の定めるところによらなければならない。

一　公安及び善良な風俗を害しないこと。

二　政治的に公平であること。

三　報道は事実をまげないですること。

四　意見が対立している問題については、できるだけ多くの角度から論点を明らかにすること。

2（略）

第五条（番組基準）

放送事業者は、放送番組の種別（教養番組、教育番組、報道番組、娯楽番組等の区分をいう。以下同じ。）及び放送の対象とする者に応じて放送番組の編集の基準（以下「番組基準」という。）を定め、これに従つて放送番組の編集をしなければならない。

2 （略）

第六条（放送番組審議機関）

放送事業者は、放送番組の適正を図るため、放送番組審議機関（以下「審議機関」という。）を置くものとする。

2　審議機関は、放送事業者の諮問に応じ、放送番組の適正を図るため必要な事項を審議するほか、これに関し、放送事業者に対して意見を述べることができる。

3　放送事業者は、番組基準及び放送番組の編集に関する基本計画を定め、又はこれを変更しようとするときは、審議機関に諮問しなければならない。

4　放送事業者は、審議機関が第二項の規定により諮問に応じて答申し、又は意見を述べた事項があるときは、これを尊重して必要な措置をしなければならない。

5　放送事業者は、総務省令で定めるところにより、次の各号に掲げる事項を審議機関に報告しなければならない。

一　前項の規定により講じた措置の内容

二　第九条第一項の規定による訂正又は取消しの放送の実施状況

三　放送番組に関して申出のあつた苦情その他の意見の概要

6　放送事業者は、審議機関からの答申又は意見を放送番組に反映させるようにするため審議機関の機能の活用に努めるとともに、総務省令で定めるところにより、次の各号に掲げる事項を公表しなければならない。

一　審議機関が放送事業者の諮問に応じてした答申又は放送事業者に対して述べた意見の内容その他審議機関の議事の概要

二　第四項の規定により講じた措置の内容

第百七十四条（業務の停止）
総務大臣は、放送事業者（特定地上基幹放送事業者を除く。）がこの法律又はこの法律に基づく命令若しくは処分に違反したときは、三月以内の期間を定めて、放送の業務の停止を命ずることができる。

第百七十五条（資料の提出）
総務大臣は、この法律の施行に必要な限度において、政令の定めるところにより、放送事業者、基幹放送局提供事業者、媒介等業務受託者、有料放送管理事業者又は認定放送持株会社に対しその業務に関し資料の提出を求めることができる。

おわりに

放送人よ、プロをめざそう

筆者はいろんな職人を取材する機会があった。一流の職人はみんないい顔をしていた。職人の世界、プロの世界は、毎日が挑戦である。よりいいもの、納得ができるものにたどり着くのに教科書やマニュアルはない。試行錯誤を経て答えを見つけるのである。

放送に携わる人も同じである。しかし、長く仕事をしていると往々にして同じパターンに陥ってしまう。

「ＤＪポリス」がいい例である。二〇一三年六月、日本のサッカーワールドカップ出場が決まった日、渋谷のスクランブル交差点で、混乱を避けるため大規模な交通規制がおこなわれた。このときのテレビ局の報道はどこも、規制と混乱というトーンだった。ところが同じ夜、ネットでは「ＤＪポリス」と名づけられた、広報車の上から軽妙に協力を求める警察官が話題になっていた。混乱が起きるのではないかという視点で見ていたほとんどのメディアは、ちょっとしたトラブルにしか目がいかなかった。その場に集まった人たちは、それまでテレビなどで見聞きしたのとは違う警察官の呼びかけに気づいた。

「ＤＪポリス」と言われた警察官はプロだった。しかしその場にいた各社の取材者は、この警察官に気づかなかった。少なくとも当日取り上げてはいない。そこに取材のプロはいなかったといえる。

プロであってこそ、経験をもとに出来事の違いがわかるはずである。毎日のように起きる交通事故や自殺や孤独死。あらゆることが一つひとつ事情が違い、調べれば調べるほどそれぞれの個人とそこに投影された時代状況が見えてくる。もちろん、日常の取材のなかでいつもそれができるわけではない。警察や行政の発表文を見て確認し、ニュース時間に間に合うように原稿を出すのが精いっぱいだろう。当事者の家族に取材することもなかなかできない。ただその際にも「なぜ」「どうして」という疑問をもちながら聞くことだけは、忘れてはいけない。発表をただ原稿にすることは単なるルーティンワークにすぎず、人工知能ＡＩに取って代わられてもしかたがない。

放送倫理は職業倫理である。いうまでもなく、プロであろうとすること、取材と制作の職人であることが倫理につながる。なぜ放送だけが放送法という法律があるのかを知り、自らの職業が置かれた立場を正しく理解することが放送に携わる者の責任であり、プロとしての自覚の第一歩であると思うのだ。

ネット上に虚実取り交ぜた情報があふれ、取材者はとかくクレジットを求めて行政の情報に頼り、知らず知らずのうちに情報統制に組み込まれようとしている。そんな時代であるからこそ、情報の職人は欠かせないと思う。

［著者略歴］
村上勝彦（むらかみ かつひこ）
1953年、富山県生まれ
東京大学卒業
NHKで記者として20年以上勤務し、その後、編成局や経営計画などを担当。退職後にBPO（放送倫理・番組向上機構）事務局に在職し、「放送の自由」に関わった
論文に「放送法第175条資料の提出と総務省通知――放送法施行令を逸脱した通知と放送事業者の対応」（「マス・コミュニケーション研究」第94号）

青弓社ライブラリー98

政治介入《せいじかいにゅう》されるテレビ　武器としての放送法

発行――2019年8月26日　第1刷
定価――1600円＋税
著者――村上勝彦
発行者――矢野恵二
発行所――株式会社青弓社
〒162-0801 東京都新宿区山吹町337
電話 03-3268-0381（代）
http://www.seikyusha.co.jp
印刷所――三松堂
製本所――三松堂

ISBN978-4-7872-3457-5　C0336